城市公共艺术创意思维研究

毕亦痴 ◎ 著

华中科技大学出版社
http://press.hust.edu.cn
中国·武汉

内 容 提 要

本著作旨在探讨创意思维在城市公共艺术领域的重要作用及对城市公共艺术作品产生的影响。在分析和总结国内外有关文献研究的基础上,通过案例说明如何利用创意思维进行艺术创作,从而最大限度地发挥城市的文化价值。

图书在版编目(CIP)数据

城市公共艺术创意思维研究 / 毕亦痴著 . —武汉:华中科技大学出版社,2023.9
ISBN 978-7-5772-0040-8

Ⅰ.①城… Ⅱ.①毕… Ⅲ.①城市空间—公共空间—建筑艺术 Ⅳ.①TU242

中国国家版本馆 CIP 数据核字(2023)第 180067 号

城市公共艺术创意思维研究   毕亦痴 著
Chengshi Gonggong Yishu Chuangyi Siwei Yanjiu

策划编辑:江　畅
责任编辑:刘小雨
封面设计:孢　子
责任校对:阮　敏
责任监印:朱　玢
出版发行:华中科技大学出版社(中国·武汉)　　　电话:(027)81321913
　　　　　武汉市东湖新技术开发区华工科技园　　　邮编:430223
录　　排:武汉创易图文工作室
印　　刷:武汉科源印刷设计有限公司
开　　本:710 mm×1000 mm　1/16
印　　张:14.5
字　　数:260 千字
版　　次:2023 年 9 月第 1 版第 1 次印刷
定　　价:58.00 元

目录
Contents

第一章

引言

作为人类智慧结晶与文化载体,在现代社会,城市不仅仅是经济中心,还逐步成为承载着文化和文明的符号。伴随着科学技术的日益创新与社会的日益进步,城市面貌正发生着翻天覆地的变化。现代建筑设计师在这种情况下开始把注意力转移到城市公共空间,旨在塑造充满活力的城市形象和提高城市居民生活品质。在城市化进程日益加快的今天,人们对城市规划与设计提出了越来越高的要求,即对城市中所展现出的创新元素与人文精神的要求越来越高。做为城市公共空间重要组成部分之一的公共艺术,其所特有的创意思维与实践应用逐渐被人们重视。

公共艺术这一艺术形式具有公开透明、资源共享和互动交流的特点。这种公共性使得它不同于其他艺术门类。公共艺术具有的独特的魅力与价值,能让人精神愉悦,带给人美的享受。公共艺术作品往往放置在城市公共领域中,例如公园、广场、街道等,让市民可以自由地品味与感受。公共艺术作品可以体现一个区域或者国家经济发展水平、人文素养等。与此同时,以公共艺术作品为媒介进行艺术创作,既能展现艺术家的创造力与天赋,又能传达社会价值观与文化内涵。

在如今的城市规划与设计之中,公共艺术已成为不可缺少的重要因素,它给城市发展带来了新的生机。在现代化大城市建设进程中,公共艺术逐渐被重视,并以独特的作用与形态给市民带来新的生活体验。公共艺术作品不但是美化城市环境、提升城市形象的工具,同时也是提升城市文化气息、调动大众艺术热情的催化剂。随着城市化进程的加快,城市建设更加注重公共艺术的运用,公共艺术对城市面貌的改善起到了积极的推动作用。这要求人们需要深入探讨公共艺术的性质与功能、有效运用公共艺术作品以及创新公共艺术创作与呈现方式等。

本书旨在探讨创意思维对城市公共艺术领域的重要作用和产生的效果。在分析和总结国内外有关文献研究基础上,根据笔者的实践案例来说明如何利用创意思维进行艺术创作,从而最大限度地发挥城市的文化价值。城市公共艺术作为城市空间中的一个重要构成部分,不仅给城市带来了美感与特有的文化氛围,而且对城市发展和社会参与也起着举足轻重的作用。城市公共艺术作品是树立城市形象强有力的武器,但要想创造出具有独创性,并与城市环境、社会需求融为一体的公共艺术作品,公共艺术实践者就必须有创意思维。

探讨创意思维在公共艺术领域的意义与运用,有必要深入研究与实证分析。本书将设计美学、艺术设计学和传播学作为主要理论基础,建构了基于公共艺术创意思维的理论体系研究模型。笔者将从理论框架与实践案例出发,对公共艺术创意思维产生的理论基础、创作过程与社会影响等方面进行系统论述,同时会对公共艺术作品创作过程中产生的问题提供相应的方法与手段,以期帮助公共艺术实践者与决策者更好地使用创意思维,促进公共艺术的创新与发展。

本书运用的研究框架涉及创意思维概念的清晰界定与深刻阐释、公共艺术创意思维构成元素与特点、公共艺术项目创意思维运用与实践等,并论述了公共艺术设计和创意思维的关系,以及怎样培养出富有创新精神、创新能力的公共艺术实践者。本书通过综合回顾与深入分析国内外有关研究与实证案例,旨在为公共艺术实践者、艺术教育工作者以及城市规划师提供深刻的理论洞察与实践指导。

期待本书能引起广大读者对于城市公共艺术创意思维的极大兴趣与深刻反思,同时希望能够促使公共艺术实践者进行有益的反思,并在一定程度上为他们提供行动指引,推动城市公共艺术领域研究与实践获得更深入的发展、更有新意的结果。只有大家共同努力,才能对繁荣城市公共艺术、促进社会进步起到积极推动作用。

1.1　专著的目的和导向

本书旨在为探讨城市公共艺术和创意思维的关系及这种关系对城市发展的作用提供全面而深刻的认识。城市公共艺术涵盖面极广,不仅仅局限于雕塑、壁画和公共空间设计。城市公共艺术作为一种特殊的建筑语言,它以其特有的表现形式和功能作用于人们的日常生活当中。城市公共艺术作品既具有装饰性,又是城市身份与文化的标志,还是促进社区参与和公众对话的主要中介。所以,城市公共艺术研究对认识一座城市甚至是整个世界都具有极其重要的作用。通过深入探讨城市公共艺术,可以更深入地了解城市公共艺术作品中所体现出的城市历史、文化与价值观以及城市公共艺术对城市居民的生活与认知产生了哪些影响。

公共艺术创新与发展离不开创意思维这一关键驱动。创意思维既指有特色、有新意的创造方式,又指对艺术创作自身以及由此产生的作品进行理解、评价的综合能力。创意思维不只影响公共艺术创作的方向与形态,而且还极大地决定了公共艺术是否具有生命力与创造性。通过深入探讨创意思维,可以更加完整地了解艺术家怎样孕育新的艺术构想、怎样把它们落到实处,以及如何透过艺术作品和社会大众互动。

城市发展深受公共艺术与创意思维影响,这一影响并不只表现在艺术创作与表现上。作为一种新型设计理念,公共艺术和创意思维对城市功能布局、城市形象和空间形态具有重大意义,即提高城市审美品位、树立城市形象与认同、增加社区凝聚力与活力、促进社会与文化持续进步等。通过深入研究城市公共艺术与创意思维对城市发展的作用,能够更加全面地理解艺术、创新与城市三者之间的互动与互塑。

本书旨在建构一种整合理论和实践的架构,从而揭示城市公共艺术与创意思维的相互作用关系,深入挖掘这种关系对城市发展的重要作用。在梳理和分析国内外有关方面研究成果的基础上,根据我国国情提出一套以城市空间形态和文化特质为核心的公共艺术设计方法体系。本书运用文献综述、案例分析、访谈、观察等研究方法,获得丰富的资料,以期得出有见解、有影响的结论。

另外,本书还涉及城市公共艺术演进过程、创意思维理论及实践和公共艺术应用于社区及城市规划的实践案例等内容。这些内容会让我们更加完整地了解公共艺术的多样性与复杂性,进而扩大我们对公共文化的理解。

本书希望读者能对城市公共艺术与创意思维有一个更加深刻、全面的了解,能意识到城市公共艺术与创意思维对于城市发展的关键意义,更希望读者能通过本书了解一些城市设计、城市规划的相关知识,以便能在理论上对具体工作起到较好的指导作用。我们期待着本书可以启发读者进行更多的学习与实践,促进城市公共艺术与创意思维纵深发展,创造出更有感染力的艺术作品,建设更有活力和包容性的社区,营造更适合居住和生活的城市环境。

本书在探索城市公共艺术创意思维时,综合思考先进技术给公共艺术带来的冲击,并思考如何重新界定艺术家和大众的互动关系以获得更深刻的认识。本书多角度地探讨了公共艺术作品是怎样通过各种先进技术的运用融入大众生活,给人们带来更人性化的体验空间。在探索虚拟现实、增强现实以及人工智能等新型艺术表达方式的同时,也在讨论如何借助这些技术拓展大众参与,以进一步增进公共艺术和社区、公众的密切联系。

就城市公共艺术发展而言,社会参与被强调的意义在于只有激发大众的参与感与归属感,才能够使公共艺术更加深刻地体现出社区的属性,进而为城市文化传播与普及注入新动力。另外,本书还对公共艺术和城市建设的关系问题发表了系列理论观点。书中对如何主动引导大众参与艺术项目策划与执行、如何借助公共艺术项目推动社会包容性与多元性这一话题进行了深入讨论,希望给读者以深刻启示。

公共艺术能够传达重要的社会信息并促进可持续发展,在城市建设中要注重对公共艺术的运用,以提高居民的生活质量和提升生活品质。为引起大众对环境保护问题的重视,本书论述了如何借助艺术的魅力,以公共艺术项目为载体,促进社区经济、教育和环境可持续发展。

在讨论实施策略时,本书着重指出公共艺术政策与条例的重要性和公共艺术管理机构设置的重要性,从而为公共艺术项目策划、执行、维护等方面提供制度保障。

本书对城市公共艺术多元价值及其发展战略进行深入探究,目的在于促进公共艺术持续创新与发展,同时促进大众对公共艺术进行深入的了解并参与创作,进一步增强公共艺术对社会的影响力。笔者在大量案例分析和实地调研的基础上进行研究,综合运用相关学科理论知识对城市公共艺术和创意思维的关系进行多角度的论述,提出了相关设计理念及方法体系。笔者旨在讨论城市公共艺术与创意思维对城市发展的意义与影响,提供综合且深入的研究框架来启发与指导更多的研究与实践,服务于艺术家、社区成员、城市规划者及一切关心城市公共艺术与创意思维的人士。

1.2　城市公共艺术与创意思维的基本定义

尽管城市公共艺术与创意思维这两个概念在日常生活中被广泛运用,但对于它们的确切定义,或许需要更深入的探讨。

城市公共艺术是依托公共空间对大众开放的艺术形式。它既不同于纯粹的绘画或建筑艺术,也有别于纯雕塑和纯表演艺术,城市公共艺术是一种综合艺术。城市公共艺术形式包罗万象,包括雕塑(图1-1)、壁画(图1-2)、装置艺术(图1-3)、表演艺术(图1-4)、数字艺术(图1-5)等。城市公共艺术有开放性、艺术性、地域性和文化性四个基本特点,其中最重要的特质是开放性,也就是说它的存在并不局限于公共空间中,它对所有人都敞开了大门,并不考虑他们的社会地位、经济实力或是艺术修养。城市公共艺术呈现出的开放性能够实现不同群体间的沟通和互动。城市公共艺术所具有的开放性,给城市居民带来广泛的接触与享受,进而深刻地影响着城市居民的日常生活。

图1-1　雕塑

图1-2　壁画

图1-3　装置艺术

图1-4　表演艺术

图1-5　数字艺术

公共艺术作为社会艺术形式之一,以其公共性、广泛参与性等特点引起人们对于它独特价值与重要意义的深刻反思。公共艺术在给社会公众带来精神享受与审美愉悦的同时,也起到了促进人与环境和谐共生,提升人的凝聚力的积极作用。这种艺术形式不受具体艺术流派与风格的限制,强调公共空间的呈现与分享,从而达到文化上的公开、沟通与价值上的转移。公共艺术的内容十分丰富,既是艺术家个体创作成就的表现,也是社会集体智慧结晶和生活方式的体现。所以,公共艺术这一艺术形式不仅对人们日常生活起着举足轻重的作用,而且还关系到社区、城市乃至全社会的进步。

公共艺术既是对城市的一种装饰,也是社区建设与城市发展不可缺少的一项重要内容。公共艺术对于满足人民群众精神生活需求,具有无可取代的重要作用。公共艺术作为社区建设的组成部分,传递着我们对于城市、文化、环境等方面的深刻认知与敏锐感受,同时也是人类对于文明与社会进步的一种重要表达。

公共艺术作为城市灵魂与特征的标志,可以展现一个城市历史、文化、社会与自然等方面的独特面貌,并对城市的繁荣与发展起到强大支持作用。城市是人类居住和活动最为集中的空间载体之一,城市本身也是艺术品。通过艺术创作,可以体会到城市的历史文化传承,感受到城市的节奏与气息,深刻认识到城市面临的社会问题与挑战。公共艺术塑造着城市的形象与风貌,传达着城市的精神与价值,已经成为城市文化中的一个重要部分。

公共艺术作为社区的中枢和纽带,紧密连接着城市的各个角落,凝聚着社区居民的智慧和力量。社区公共艺术可以满足民众对精神文化的需求。公共艺术使居民有机会参与城市建设与转型,并表达自己的意愿与需要。社区发展需要公共艺术来支撑和指导,公共艺术在改善社区环境和提升居民生活质量方面起着重要作用。社区公共艺术作为活动与沟通的媒介不仅能激发居民的创造力与想象力,还能增进社区间的交往。

公共艺术对于环境保护起着举足轻重的作用,能引起我们对于环境问题的重视,推动可持续发展目标的达成。公共艺术作品一方面表达艺术家们对环境问题的重视与思考,另一方面激发公众环保意识与推动环保行动发展。

在现代科学技术迅速发展的大环境中,艺术发展经历了传统到数字化再到虚拟数字时代。公共艺术在前沿科技的推动下创造了崭新的艺术形态与互动方式。虚拟现实、增强现实、人工智能等新兴技术给公共艺术带来新的表现形式与体验方式,使公共艺术的呈现更为鲜活,更能引起人情感上的共鸣与思索。

公共艺术的产生、管理与保护都需要得到政府强有力的扶持与强有力的保证。公共艺术应由政府规划建设、经营与维护,形成一套良好的运行机制。为了更好地推动公共艺术研究、教育与交流,我国政府应该出台相应的政策法规,建立专项公共艺术基金。同时,也要对公共艺术加以规划、引导与监管,让公共艺术适应社会的需要,引领公共艺术向健康、良性方向发展。另外,公共艺术要想广泛的、多元化的发展,还需政府同社区、艺术家、设计师、规划师、企业以及公众密切协作才能达到共同目的。公共艺术是社会生活中的一部分,对公共艺术作品必须采取一种开放的态度。在政策制定上,需要充分考虑到公共艺术所具有的公益性、可及性以及包容性等特点,从而保证人人都能平等享有并参与到公共艺术散发的魅力中去。

公共艺术在内涵的界定上是多元的,其所包含的价值与意义表现为多层次。公共艺术作为一种形式特殊的文化现象在人们的心理、行为中起着重要的指导作用。公共艺术既是艺术表达形式之一,也是社区建设、城市发展、环境保护、技术应用与政策实施的重要内容之一。公共艺术以它特有的形式介入城市社会生活中,和人们的日常生活息息相关。公共艺术对城市生活有着积极的作用与影响,需要多角度、全局地进行深刻认识与探究。要用科学发展观统领全局、以人为本,以满足人民美好生活需要为出发点和归宿,持续增强公众参与意识,使得公共艺术在人民群众精神文化生活中发挥着实实在在的作用。我们有必要在公共艺术理论与实践方面不断创新,从而推动公共艺术不断地发展与进步。

都柏林尖塔(图1-6)就是一个很好的例子。都柏林尖塔是一座矗立于爱尔兰首都都柏林的奥康奈尔街上的不锈钢尖塔。远远望去,尖锐的塔身直入云霄,太阳光照射在不锈钢尖塔上,充满着纯粹的力量与美丽。它已成为城市新的标志性建筑,吸引着无数的游客。它用独特迷人的形式把一个现代气息浓郁的建筑和新的艺术形式进行了完美结合。公共艺术作品不只是对城市的点缀与美化,同时也是一种城市记忆,展现了一个城市的精神与文化。

城市公共艺术表现出丰富多样的形式与内涵,不仅包括园林、壁画、雕塑、建筑、灯光、喷泉、音响等,还涉及前卫试验性艺术,如戏剧、电影、舞蹈、歌唱、环境艺术、博物馆的艺术作品等,以及行为艺术、大地艺术以及观念艺术。当代西方,形形色色的城市形态有着自己独特的艺术表现形式与表现方法。这些艺术形式既是城市视觉、听觉景观的组成要素,也是城市文化的主要载体与表现手段,给城市带来特有的韵

图1-6 都柏林尖塔

味与个性。

城市公共艺术最为本质的特征在于它所具有的广泛公共性。这种广泛公共性表现为两大特点。第一,内容的公共性。内容的公共性是指城市公共艺术已不限于以视觉、听觉享受的形式存在,还必须结合其他多种多样的物质载体,以各种方式将自己的丰富内涵呈现给公众,从而得到更广泛的认可。城市公共艺术已进入到更为广阔的公共领域之中,使得城市公共艺术面对公众时,不可能以一种隐秘的姿态而存在。在城市化进程不断加快的今天,城市公共艺术作品正日益进入公众视野,成为公众休闲娱乐最主要的载体和城市文明的集中体现。第二,内涵的公共性。城市公共艺术这种具有内涵公共性的艺术,它不只是日常生活的点缀,还是从美学、艺术、文化等角度出发,贯穿于社会生活的始终,引导并满足人在精神方面的诉求。城市公共艺术已超越单纯的视觉装饰,成为具有社会交流与文化传播作用的介质,使城市生活质量显著提高。

另外,城市公共艺术对于塑造城市形象、提升城市品质和构建和谐社会也起着不可或缺的作用。伴随着社会经济发展速度的日益提升,人们对生活品质与精神追求愈发重视,公共艺术设计已经逐步成为一个城市文明程度的标志,同时也是一个城市整体实力的表现。对于城市来说,好的公共艺术作品既能提高城市的审美水准,又能展现城市的人文情怀以及对生命的尊重,进而提高城市的吸引力与竞争力。公共艺术作品不仅是城市的文化符号,更是城市历史和文化的珍贵载体,记录和传承着城市的发展脉络。

城市公共艺术伴随着城市化进程的发展与社会文化环境的改变,其形态、内容与功能都发生着演变。现代城市公共艺术作品作为新型的空间表现形式已经成了人们日常生活当中不可缺少的组成部分。公共艺术在现代城市中既发挥着传统艺术表达与社会交流的作用,同时也担负着更加重要的社会责任,如改善城市环境、提升城市形象、引导公众意识、激发社区活力、推动公众参与等。同时,现代城市公共艺术作品也肩负着协助政府宣传推广公共政策的使命,它通过对公众行为方式和价值取向等产生影响达到政策实施目的。所以,现代城市公共艺术空间既是艺术创作的平台,也是社会行动乃至城市政策宣传推广的平台。

城市公共艺术要想繁荣发展,就必须要有全球视野与时代气息,同时又要保持民族特色,只有这样才能充分地发挥出城市公共艺术所具有的特殊价值。城市公共艺术作为一个复杂的大体系,几乎涵盖了各个方面,既有建筑、园林、道路等诸多元素,也有雕塑、绘画等诸多表现手段。伴随着城市公共空间美化与生活质量改善要求的不断提高,城市公共艺术设计这一概念逐渐被普遍接受并受到极大关注。国家对于城市的文化建设也有了新的要求。民主化进程对我国现代文化事业的建设有着深远影响,同时也给城市公共艺术的发展带来了新思路,但城市公共艺术要想持续健康地发展,还需我们在实际工作中不断地探索与创新,才能迎接这一富有挑战性的进程。

昆明滇池路七公里转盘处,一组由 6 名少数民族舞者构成的雕塑群像 ——"春城圆舞曲"(图 1-7),以其特有的艺术风格、高超的雕塑技艺引起人们的关注。1984年,春城圆舞曲雕塑矗立在昆明东站环岛上,该雕塑象征着民族大团结。2002 年,因城市道路交通需要,该雕塑被拆除并迁至海埂公园内。作为昆明昔日的一张艺术名片,"春城圆舞曲"这一云南省第一座大型城市公共雕塑一直留存在很多昆明人的记忆中。"春城圆舞曲"雕塑恢复重建后,材料、尺寸与原作稍有不同,雕塑高度由 5 米增至 10.6 米,直径由 12 米增至 18 米,为云南省规模最大的人物群雕。

图 1-7　春城圆舞曲

"春城圆舞曲"雕塑既为我们呈现了云南省多姿多彩的少数民族文化遗产,又强调着多元融合与和谐共存的民族价值观。这组雕塑以其匠心独运的设计和精湛的艺术表现手法,为城市注入了独特的气息和艺术氛围。

"春城圆舞曲"雕塑展示了通过利用城市公共艺术来彰显并保持民族文化特质的方法。昆明市通过雕塑艺术这一媒介来展示多元文化及少数民族的独特魅力,进而增强城市艺术氛围及文化认同度。这一艺术形式既为旅游者了解地方文化提供了渠道,又为增进文化交流提供了有效的方法。

在物质生活水平日益提高的今天,城市公共艺术设计已经不局限于对人类基本精神需要的满足,它被赋予了更加深刻的内涵,即由纯装饰功能逐步向服务功能过渡。所以我们需要对城市公共艺术展开深入的研究与讨论,以便更好地认识与运用这一艺术形式,为营造更适合人类居住的城市生活环境起到积极的推动作用。

创意思维是对知识进行重新组合,是在活动中产生并运用于实践的创造性思维。创意思维要求从理念上创新、问题上挖掘与解决、角度上转换、思维上跃迁、逻辑上挑战几个层面展开。运用创意思维可以超越传统的局限,去探寻和开拓新的可能。

在进行艺术创作时,创意思维是一种关键技能。在艺术创作中要善于用创意思维去创作。艺术家们用新颖的眼光与手法,进行了深入的探索,因而孕育了别出心裁、内涵丰富的艺术佳作。城市公共艺术是一种特殊的文化形式,其主要功能在于满足市民日益增长的精神需求。城市公共艺术因具有开放性与公共性,对艺术家的创意思维提出了更高的要求。通过创意思维的应用,艺术家们不仅可以创造出公众参与性强、内容丰富、形式新颖的公共艺术作品,而且还可以通过公共艺术作品,探索并践行新型社会互动方式以促进社区发展与转型。

城市公共艺术要繁荣发展,必须依靠创意思维形成的巨大动力。在城市不断演变的过程中,公共艺术无论在形式上、内涵上还是功用上都需要不断地进行创新和调适。不断创新城市公共艺术成为当今时代人们对于公共艺术作品的需求与期望。如何把公共艺术同城市环境、建筑、空间有机地结合起来?如何在新兴技术及媒介的推动下扩大公共艺术影响力及公众参与度?如何借助公共艺术来反映与回应社会问题与挑战?面对大众生活方式越来越多元化、文化创意产业发展要求越来越高的今天,应积极转变观念,找到一条适合城市发展特色的创新之路。艺术家应用创造性思维方式开阔思维视野、探索崭新的解决方案。

从这个意义上说,城市公共艺术和创意思维是紧密相连的,两者互为补充、互相促进。城市公共艺术创作应该具有创新性,反映时代精神,符合时代需求。公共艺术要在形式与内容上别出心裁,符合大众审美需求,体现社会演进,推动社区繁荣。公共艺术作品既是一个实践与试验的舞台,也是印证与呈现创新成果,影响与变革公众观念与行为的主要介质。与此同时,公共艺术还能推动创意思维的生成与发展,并为其提供丰富多彩的文化资源与创作素材。城市公共艺术与创意思维交织渗透,已成为城市与社会发展的一个重要引擎。

从整体上看,城市公共艺术这一艺术领域呈现出多元化、开放性等特点,涉及艺术形式多样,承载社会功能多样,影响范围广泛。为推动城市公共艺术发展,艺术家就必须有创意思维,唯有不断的创新城市公共艺术,才能永葆生机。创意思维作为一种充满活力与潜能的思考方式,可以推动城市公共艺术不断创新与发展,进而拉近城市公共艺术与社会生活之间的距离。它较好地体现了城市的多样性与包容性,较深入地引发了市民的思维与情绪,较有效地促进了城市环境与社区的完善。与此同时,创意思维又给公共艺术带来全新的视野,使之更具有时代性与创新性。城市公共艺术与创意思维互相融合、互相启发,促进了城市公共艺术繁荣与进步。

把城市公共艺术融入创意思维,既表现在艺术作品创作中,又表现在城市公共艺术项目设计实施中。从这一角度看,创意思维是促进城市公共艺术设计和发展的重要条件之一。具体地说,艺术家们在创意思维的推动下创作了别出心裁而又有深刻内涵的城市公共艺术杰作;通过创意思维对城市公共艺术项目进行设计与实施来调动大众参与和互动,以推动城市公共艺术发展;政府机构以创意思维来策划与管理城市公共艺术。城市规划者与决策者通过创意思维把城市公共艺术融入城市空间与环境中,以改善城市文化氛围与生活品质。

从以上论述中不难看出,城市公共艺术融入创意思维既可以丰富城市公共艺术内涵与形态,又可以启发大众创意思维,并提高城市文化品质及生活环境。与此同时,城市公共艺术和创意思维融入城市建设的进程当中,还能带给人全新的感受和经验,进而提升城市整体文化氛围及生活品质。所以,对城市公共艺术与创意思维内涵进行深入探讨,对深刻认识并积极促进城市文化繁荣与发展具有关键意义与价值。

1.3 研究的价值和意义

本书在理论层面上对城市公共艺术与创意思维的内在联系进行了深入的探讨,提供了一个新的角度与框架来更好地认识两者的互动与进步。从某种意义上说,城市公共艺术是一种独特的文化形态,它所表达出的观念对人类社会具有巨大的影响力,能有效改变人们的生活方式和工作方式。公共艺术研究过往主要集中在艺术创作与鉴赏层面,但本书的研究将视野拓展至更广的范围,如城市规划、社区发展与公众参与。本书以创意思维为出发点,基于公共艺术和创意思维相互作用的过程,对公共艺术和创意思维的关联进行剖析。通过把创意思维纳入公共艺术研究之中,可以更加深刻地探索公共艺术是怎样用创新来塑造城市环境,促进社区发展和调动公众参与的。

从理论层面看,本书给我们阐释公共艺术本质提供了新的角度。创意思维就是在创新思想基础上发展起来的崭新设计理念。本书强调创意思维对公共艺术的关键意义,深入探究创意思维与城市环境、社区发展以及公众参与之间是如何互动从而促进社会进步的。笔者在分析这些问题的基础上,提出了以人类空间相互作用为主要内容的公共艺术新理论架构。这一崭新的理论框架将帮助我们更加深刻地理解公共艺术所具有的价值与影响力,也将给公共艺术实践者、城市规划者以及社区发展者以有益的引导与启发。

通过把公共艺术研究视野拓展到更为广阔的范围,可以更加全面而深刻地挖掘公共艺术的内涵与功能,进而加深人们对于公共艺术的理解。公共艺术因其特有的魅力,在现代生活中所起的作用日益显著,并已成为某一国家或地区文化软实力的表现。把公共艺术放置在城市发展、社区建设以及公众参与等更为广泛的语境中,可以引发我们对公共艺术这一综合性实践的深入理解。公共艺术能以创造性思维促进城市创新,促进社会进步。

鉴于城市公共艺术和创意思维的密切联系,本书为我们进一步认识两者的互动提供了新的理论框架,也让大家对公共艺术设计如何推动城市文化繁荣与可持续发展有了更深入的认识。这不仅加深了人们对于公共艺术的认识,而且给公共艺术实践与城市发展带来新的启示与方向。在此过程中,笔者还发现许多值得反思与完善之处,有利于我们更进一步地把握公共艺术本质。通过在这一领域的深入探讨,可以更好地推动公共艺术的发展、革新及其对于社会的作用。

本书还对创意思维的实质进行了探索,这对于我们深刻认识并提高创新能力具有宝贵的理论启发。笔者以创意思维为切入点,讨论如何把二者融合在一起,并给出具体实践方法及设想。通过深入分析创意思维,可以体会到创意思维所具有的特质与优势,还可以探索创意思维在实际应用中的途径与策略,也有助于我们在更高层次上去理解和发掘创意思维所蕴含的价值,对我们开展公共艺术等领域的创新活动具有至关重要的指导作用。

本书以城市公共艺术作品为例进行案例分析能够深入探讨公共艺术如何运用于实际工程,以及公共艺术给城市环境、社区发展、公众生活等方面造成的冲击与变化。同时,还可以从中得出一些经验教训,以更好地促进我国公共艺术事业健康、有序发展。这些实践经验与教训为今后的公共艺术项目的策划与实施提供了有价值的经验与启发,也给公共艺术实践者以有价值的参考与引导。

通过对个案的剖析,可以深刻地理解公共艺术在各个城市、各个社区的具体做法与策略。公共艺术项目有很多类型,如雕塑、壁画和装置艺术,还涉及公园、广场和街道等各种情景。每一个区域都具有其文化特色,公共艺术的地方表达呈现多样性的特点。

笔者以全新的视角对公共艺术对当代社会的影响进行了分析,并且提出了相应的建议。通过公共艺术项目的介入,可以欣赏到城市环境美化改善、社区凝聚力加强、市民参与互动等城市发展所必需的要素,并对若干公共艺术项目在执行中所遇到的困难进行了描述。本书旨在对我国正在进行的公共艺术作品建设的实践活动提供有益参考,能够从中吸取经验教训。同时,本书还指出了公共艺术项目实施过程中所要处理的一些问题,其中包括但不仅限于合作和沟通、经费和资源以及促进社区参与。

对公共艺术项目进行实践观察与深入剖析,总结成功因素与有效策略,能够为该项目的顺利实施提供强有力的支撑。本书主要对公共艺术项目实施中出现的问题和解决对策两方面展开研究,并且根据具体实例展开深入剖析。这些经验教训对我们今后开展公共艺术项目有参考价值,也有利于我们对公共艺术作品进行更好的策划与执行,使其发挥价值并造福社会。

创意思维可以帮助人们用不同的视角来观察事物、思考问题、分析问题,并且可以把这些思维转化为新观念、新思路,继而创造出新效果。通过对创意思维的把握,可以更有效地挖掘问题、解决问题,更灵活地顺应变化、处理问题,更创造性地实现目标与理想。为此,本书通过理论和实践相结合的方法,提出适合公共艺术创作中创意思维训练体系并将其应用在具体教学设计中,以实现对学生创造能力培养。

这一研究,部分填补了已有文献中公共艺术概念定义不够完整的缺陷。城市公共艺术这一文化形式的影响力已渗透到每个城市居民的日常生活之中,与此同时,它对城市乃至全社会发展都有着广泛且深刻的影响。在现代都市文明中,公共艺术是其最重要的象征。在公共艺术的帮助下,可以提高城市文化品位、丰富市民审美感受、增进社区互动和沟通、改善城市环境和面貌、促进社会创新和进步。公共艺术是我国现阶段城市化过程中的一项重要内容。所以,对公共艺术内涵及外延进行深入探讨,有利于我们对公共艺术有一个更加全面的认识及应用,从而为城市及社会的繁荣昌盛提供更加高质量的服务。

创意思维是一个人在长期学习、工作中积累的能力与习惯的综合反映,已经成为人们思考问题与解决问题必不可少的重要途径。创意思维的运用,不仅可以使我们更好地适应社会环境的变化,而且还能更有效地发掘与运用社会资源以促进社会创新与进步。同时,创意思维也可以激发学生的求知欲,进而形成积极向上、乐观向上的心态。所以,对创意思维的讨论与普及对我们增强社会创新能力,促进社会进步有着极其重要的意义与价值。

本书的研究既有利于充实城市公共艺术创意思维方面的成果,又对推动我国城市公共艺术建设与发展有指导意义。这一研究对于深化理论、促进实践和促进社会发展都会起到积极和深远的作用。这一研究所提供的独特视角与方法为我们打开了探索城市公共艺术与创意思维之门,也为我们的研究与成长带来了新的可能与未来。

第二章

城市公共艺术的
历史和发展

2.1　早期公共艺术的形态

公共艺术的形成由来已久,最早可以追溯到人类早期历史。在人类文明发展进程中,公共艺术作为一种特殊的文化形态出现并不断发展壮大着,它与人们日常生活息息相关。从洞穴壁画与巨石阵(图2-1)中可以看出公共艺术的种子早已深深地植根于人类文化与传统中,并已成为不可或缺的文化遗产。伴随着时代的进步,产生了许多新型公共艺术。尽管当时的公共艺术形式相较于现代略显朴素,但它们确实为大众提供了一种社会互动和表达的途径。

图 2-1　巨石阵

早期公共艺术既表现出人类社会的发展踪迹,又反映出人类对于公共空间的理解与利用。艺术家通过对公共艺术作品的设计来表达一种心灵的呼唤,并以独特的方式将一定的思想情感与文化观念传递给大众。早期公共艺术作品创作往往要消耗大量人力物力,是社会集体智慧结晶。

古罗马时期,公共艺术才开始显示出它的象征意义与对社会的作用,并给人们带来特殊的审美体验。从方尖碑(图2-2)到凯旋门(图2-3),建筑与雕塑已经成为城市权力的标志。这些公共艺术作品既是一个城市的文化符号,也是一种城市文化,给市民与游客以引导与启迪。

图 2-2　方尖碑

图 2-3　凯旋门

公共艺术也是承载宗教信仰的一种重要介质。当人类社会步入文明时代后，多种艺术形式不断发展，宗教信仰和绘画、雕塑结合在一起，形成了极具象征意义的公共艺术。中古时期，受宗教信仰的影响，出现了一大批以宗教为题材的公共艺术作品，如教堂壁画、圣像雕塑等。这些作品都体现了那个时代人对自然和神灵虔诚的态度。这些巨作勾起人们对于宗教的激情与崇敬，是一种信仰的符号与传承。文艺复兴时期，宗教画也成了绘画领域不可或缺的一部分，它不仅反映了画家个人审美情趣与思想理念，还反映了那个时代的社会政治和经济状况，反映了人文主义思潮。古埃及神庙壁画(图2-4)、古希腊庙宇雕塑(图2-5)、中世纪欧洲教堂彩绘(图2-6)等，这些艺术品形象地表现出人对神祇的尊崇与敬畏之情。

图2-4　古埃及的神庙壁画

图 2-5　古希腊的庙宇雕塑

图 2-6　中世纪欧洲的教堂彩绘

雕塑在文艺复兴时期渐渐从建筑中独立,成为一种新的艺术形式,并且在宫廷艺术中享有较为突出的地位。人文主义思想极大地冲击了文艺复兴时期的美术发展,艺术家们开始利用新的素材与工艺创造独特的艺术形式。

1501 年至 1504 年,米开朗琪罗创作了一座大理石雕像,名为《大卫》(图 2-7),现收藏于佛罗伦萨美术学院。从这座雕像里我们可以见到以色列第二王——大卫的身影。大卫是个英勇的勇士、睿智的首领,备受景仰。他一生追求光明和真理,以超常的意志克服了困难和危险。《大卫》这座雕像塑造了大卫在最佳年龄、最佳身体状态时的青年男性形象,其身体健壮,线条秀丽、典雅。米开朗琪罗卓越的艺术技巧鲜明地表现于他的雕像之中,同时雕像之中又蕴含着佛罗伦萨市民百折不挠、英勇顽强、勇于迎敌的气魄。

文艺复兴时期,罗马的圣彼得大教堂(图 2-8)也成为引人注目的公共艺术典范。这座雄伟的建筑是文艺复兴时期巴洛克风格的杰出代表,它的设计和建造历经数个世纪,吸引了众多艺术家参与,其中包括伯拉孟特(图 2-9)、米开朗琪罗(图2-10)和贝尼尼(图 2-11)等巨匠。圣彼得大教堂不但是一个宗教场所,而且还是集艺术、雕塑、壁画、马赛克等艺术为一体的综合中心。

图 2-7　《大卫》

图 2-8　圣彼得大教堂

图 2-9　伯拉孟特

图 2-10　米开朗琪罗

图 2-11　贝尼尼

　　20 世纪，公共艺术发生了从现代主义到后现代主义的变化，这一变化给公共艺术带来了全新的活力。现代主义和后现代主义之间的区别表现为审美特征的不同。现代主义艺术家强调要通过前沿技术与材料的应用，用简洁的造型与完善的配比来呈现艺术的美感和功能。后现代主义艺术家关注人与环境之间的和谐关系，关注人自身的价值体现。后现代主义艺术家往往采用复杂多变的装饰元素与形态来表现自己对于历史与社会深刻的思考。

　　1981 年，理查德·塞拉在纽约联邦广场创作了一件备受争议的公共艺术作品——《倾斜的弧》(Tilted Arc)（图 2-12）。这座雕塑由一块巨大的弧形钢板构成，把广场一分为二，在市民中引起争议。尽管最终被拆除，《倾斜的弧》在公共艺术领域的影响却是深远而广泛的，引发了许多关于公共空间、艺术和社区的探讨。

　　1995 年，克里斯托夫妇一家合作制做了大型装置艺术作品"被包裹的国会大厦"(The Wrapped Reichstag)（图 2-13）。该展览因其独特的设计理念和表现手法，赢得了国际的普遍关注。整座德国国会大厦被织物包裹起来，引来无数观众。他们把建筑物当作一个整体进行加工，并通过色彩、材质和灯光展现出独特而强烈的视觉张力。这一杰作超越了传统公共艺术，展示出艺术是如何形塑我们对于公共空间理解的。

图 2-12　倾斜的弧

图 2-13　被包裹的国会大厦

　　20 世纪 60 年代，公共艺术获得了新的活力，艺术家开始表现出对于社会文化、大众心理以及生态环境的深刻见解。城市公共艺术以其特有的形态进入了人们的视野，给现代生活注入了新鲜的活力和生机。城市公共艺术设计已超越简单的视觉装饰成为城市不可缺少的组成部分，包含着深刻的人文底蕴与人性表达。公共艺术这一全新的设计理念与手法得到了越来越多设计师的认可，也逐步融入现代建筑、园林、道路与广场景观中。在大地艺术与环境艺术日益崛起的今天，公共艺术作品表现的范围越来越广，它开始深刻地发掘与探究人与自然的深层关系，开阔人们对于自然环境的理解。

1970 年,史密斯森先生在犹他州的盐湖中创作了螺旋形防波堤(Spiral Jetty)(图 2-14)这一著名作品,为大地艺术的发展奠定了基础。这条螺旋形堤岸长约 1500 英尺,由巨石、盐晶、土和红色藻类构成,是研究大自然以及人类与环境之间相互作用的艺术作品。它会随时间推移在自然条件下发展变化,从而引发对自然和人类活动互动的深刻反思。

图 2-14　螺旋形防波堤

在当今时代,公共艺术作品已不是简单的视觉呈现,开始被赋予了更多社会功能与意义,它们不仅是美的标志,也是社会文化、历史、地理环境等方面的综合体现。

公共艺术在当代的演变与公共性观念的发展变化密切相关。在西方国家历史中,对公共性与公共空间有过不少讨论。英国于 17 世纪中期开始使用公共一词,于 17 世纪末产生公共性概念。公共性这一术语直到 18 世纪才第一次在德国被使用。公共性是伴随着社会政治、经济和文化的变迁出现的。在公共性日益发展的今天,公共艺术越来越重视对社会与大众需求的满足,而不仅仅囿于艺术创作领域。

20 世纪 80 年代,公共艺术被广泛地普及。公共艺术既是针对公共场所的艺术,也是富有社会功能性质的艺术。在由早期以城市广场为主体向当今以人和环境之间互动交流为主体的观念变迁中,公共艺术已逐步成为公共性的艺术形态。由于这种理念的演变,公共艺术在创作取向与形态上表现得更为多元化与丰富化。

《门》(The Gates)(图 2-15)是克里斯托夫妇于 1980 年提出的作品构思,即将 7500 多扇门置于纽约中央公园步行道。那时,他们希望人们能在这些由多种元素、多种功能填充而成的"门"里,感受到一种全新的空间形式,即街道景观。不过,这一方案一直到 2005 年才开始执行。尽管这件作品仅存在 16 天,却在中央公园掀起了一股强烈的视觉冲击,吸引了大批观众前来观赏。

图2-15　《门》

公共艺术并不单纯是权力、宗教等的符号，而是与民众日常生活紧密相连，并深刻影响民众的生活方式、价值观等。在现代社会，公共艺术作品已经成为一种文化象征被广泛应用到多种场合并扮演着独特角色。城市中的广场、街道、公园等公共空间通常是公共艺术作品的创作场所，如位于东京FARET立川艺术区的街头雕塑（图 2-16），人们在此进行社交、休闲、庆典等活动。此外，公共艺术作品这种特殊的视觉语言在带给人们赏心悦目的视觉享受之余，也传递着浓厚的情感内涵。因此，创作公共艺术作品不仅可以给城市增加美感、提高人民生活品质，还能给城市精神的传递提供强大支持。

图 2-16　东京 FARET 立川艺术区的街边雕塑

好莱坞星光大道(Hollywood Walk of Fame) (图 2-17)是一条沿好莱坞大道与藤街伸展的人行道，街道上遍布2500余颗五角形星星，每一颗星星都代表了对电影、电视、音乐等产业做出贡献的杰出人物。该公共艺术项目最初目的是庆祝与纪念娱乐业的悠久历史,并借此鼓励后人继承与发扬这一文化精神。现在,在这片以娱乐为主的广场里,人们通过自己制作节目抒发内心情感,并和别人一起分享那些愉悦的经历。

图 2-17　好莱坞星光大道

　　自由女神像(Statue of Liberty)(图 2-18)是一座享誉全球的雕塑,矗立在纽约市自由岛上。为了纪念美国独立一百周年,法国人民向美国赠送了一尊由法国雕塑家弗雷德里克·奥古斯特·巴索尔迪精心设计的由白大理石雕成的自由女神像。自由女神像作为展示民主、自由与国际友谊的标志,在人类文明的进程中占有不可缺少的重要地位。

图 2-18　自由女神像

自由女神像雕塑本体高约 46 米,加基座高约 93 米,主要材质是铜,外表因氧化作用而呈现一片翠绿。自由女神的右手高举着一盏明亮的火炬,左手则抱着一块刻有"1776 年 7 月 4 日美国独立日期 JULY IV MDCCLXXVI"的石板,头戴七角冠冕,冠冕象征着七大洲。

自由女神像于 1886 年在格罗弗·克利夫兰举行了盛大的揭幕典礼。这是人类有史以来最早的女性雕像之一。作为纽约市地标性名胜,同时也是美国文化最重要的标志之一,雕塑展现了美国这个国家独特的魅力与历史底蕴。在这充满热情和活力的国度中,人人都可以感受到自由女神像所代表的精神内涵。

公共艺术在文化传播中发挥着不可取代的作用。公共艺术这一形式既能传达象形文字、神话故事、社会风俗与习惯,又能给我们了解与研究历史文化带来宝贵材料。

M50创意园(图2-19)坐落于上海普陀区莫干山路50号,是中国当代艺术最重要的基地之一,也是上海最著名的艺术文化中心之一。这里聚集着来自世界各地,拥有不同文化背景、生活背景,各具独特风格的艺术家们。他们在这现代气息浓郁的空间中创造、交流着。当代艺术的繁荣与发展在这里的艺术工作室、画廊以及公共艺术展示上都有淋漓尽致的体现。

图2-19　上海的M50创意园

　　M50 创意园的特点是可扩展性强、种类繁多。从这里我们可以窥见来自不同文化背景的人的生活状况和他们对于未来社会的想法。这里展示的艺术作品将传统艺术形式与新兴艺术实践相结合。工作坊及不定时的艺术展览、讲座吸引着大量市民和游客参观参与，人与艺术的交流得以充分实现。

　　从整体上看，早期公共艺术表现出多样的样态，既有静态雕塑、壁画和石碑，又有动态戏剧、舞蹈和仪式。就其内容而言，可分宗教性作品与公共性作品两大类型。这些公共艺术作品展现了那个时代社会文化、宗教与权力结构的独特性，也是人类历史文化演变的鲜活见证。久而久之，在不同的时期、不同的地方、不同的人对于公共艺术都会有自己的认识，并且运用到生活当中去。每一件雕塑、每一幅壁画乃至每一个公共空间的设计元素都承载着一段历史、一份信仰和一种价值观，它们共同组成了完整的文化体系。公共艺术作品用不同的方式表达了对人类文明和智慧的反思，表现出不同时代人们的精神面貌及审美情趣，宛若镶嵌在城市里的一颗颗明珠，见证着人类社会的发展与文明的进步，闪烁着无穷的光辉。

　　这些较早出现的公共艺术形式为我们展现了艺术广泛的适用性与共享性以及人的创造力所具有的无穷可能性。艺术家以朴素、有新意的方式来表达对于人生、社会和自然的观点，即通过公共艺术作品与公众沟通。公共艺术作品并不是专属于个人的，也不是极少数人的，而是大家共同分享的。公共空间所呈现出的艺术之美已经成为城市的宝贵财富，给大家带来了无穷的欣赏享受。

　　在当代，我们仍然可以从许多城市里找到早期公共艺术形态的踪迹。这些公共艺术作品是宝贵的文化遗产，也是人们深入了解与研究历史文化的重要资源。笔者通过对部分代表性公共艺术作品的分析与阐释，论述了这些作品所特有的深刻思想。这些经验与启示给我们在公共艺术创作与运用上提供了有价值的启发和参考。通过对公共艺术早期形态的进一步研究，可以更深入地理解公共艺术的意义与价值，给当今公共艺术实践以有益的引导与启示。

　　公共艺术发展到当代，表现出艺术、社会与环境三者互相渗透、互相浸润的复杂关系。公共艺术，是伴随着人类文明程度不断提升而出现的新型艺术形式。公共艺术在其历史的长河中经历着由古代向现代、由宗教向社会、由城市向自然不断演进与发展的过程，同时也真实地反映了人类社会进步与发展的过程。

2.2 公共艺术的现代演变

20世纪90年代,中国城市建设步入蓬勃发展阶段,尤其东部地区城市总用地面积与人均用地面积分别增长43.0%与10.2%。同时,随着城市化进程的不断推进,一系列的问题逐渐显现,如环境恶化、资源匮乏、交通堵塞、社会矛盾尖锐等。随着社会转型发展,广场、绿地、商业街等城市公共空间与市民之间的互动越来越密切,公共艺术及其文化价值的演变,也越来越受到人们的重视。

20世纪80年代的城市公共艺术以城市雕塑为主要表现形式,这种艺术形式已经成为城市文化中的一个重要内容。1985年,我国第一座以雕塑为主题的石景山雕塑公园在北京落成(图2-20)。与此同时,长安街边的城市雕塑和其他公共艺术作品也如雨后春笋般拔地而起。这些艺术作品在给城市文化景观添加绚丽多彩的内容的同时,还表达出艺术家对社会、对环境的深切关注与深刻反思。

图2-20 石景山雕塑公园

续图 2-20

　　经济的飞速发展导致人们降低了对环境保护和人文艺术的重视。20 世纪 80 年代中后期,艺术家们把目光投向环境保护,许多以环境保护为题的城市公共艺术作品成了社会的风景线。

　　伴随着 20 世纪 90 年代社会转型的步伐加快,全社会文化价值渐受经济、商业支配,致使文化消费市场在城市渐趋边缘。在这种情况下,传统手工艺的生产模式与生活方式在城市里受到了严重影响,城市公共艺术表现出了和过去完全不同的趋势。这一时期,由于市场经济大潮的冲击,城市中出现了一些新的文化现象,即大众文化的兴起和盛行。在逐步与商业社会接轨的进程中,一系列面向利润的商业艺术形式不断涌现出来,如海报、广告和平面设计等。这些艺术形式已经逐步成为商业文化中的一个重要部分。这些艺术形式基本上是为了迎合时代的审美心理与精神需要。与此同时,伴随着大众消费水平的提升、生活方式的改变和文化意识的唤醒,一种注重消费的艺术形式——波普艺术逐渐走向繁荣。波普艺术以大众媒介为主,传递其理念与想法。这种艺术形式的核心是文化消费,其目的是激发大众的爱好与激情。在此背景之下,越来越多城市艺术家对大众需求给予了重视与研究。在这种潮流中,大众参与性与互动性的提高,无疑给城市公共艺术带来了新鲜活力,促使其繁荣发展。

　　克拉斯·奥登伯格(Claes Oldenburg) (图 2-21)作为波普艺术运动的领军人物之一,因其在公共空间展示的庞大的日常用品雕塑而出名。他以公众的消费需求为设计灵感,通过许多现代元素反映这一理念。例如,他在费城创作的《衣夹》

(Clothespin)（图2-22）、在芝加哥的《棒球棒》(Batcolumn)（图2-23)以及其他公共
艺术作品(图2-24)。奥登伯格的作品均具有鲜明的现代色彩,视觉冲击力大、社会
批判精神强。这些作品大小夸张、生动形象,透露出大众文化给人们生活带来的深
远影响。

图2-21　克拉斯·奥登伯格

图2-22　《衣夹》

图2-23　《棒球棒》

图 2-24　奥登伯格创作的其他公共艺术作品

　　城市公共艺术的可贵之处在于其与民众日常生活的交织和渗透，并由此产生特殊的文化体验。在社会学视角下，人类社会处于发展变化之中，各个时代有着其特有的文化内涵与精神追求，而这些正是公共艺术设计应该表达的含义。公共艺术对人们日常生活起着不可缺少的作用，是形塑人们生活方式不可忽视的因素。公共艺术通过它特有的视觉形式，为公众传递了丰富、深刻的信息。公共艺术的创作与展示方式总是被公众行为、观念与意见不断形塑与冲击。艺术家通过艺术作品这一媒介对受众的心灵进行深度挖掘，把个人体验内化为内在感知来增强艺术作品感染力。

　　公共艺术对日常生活的渗透使艺术不只限于画廊，它已经成为城市空间中不可缺少的一部分。作为一种特殊的文化形式，城市公共艺术创作在现代生活中越来越重要。它同城市自然环境交织在一起，同人的日常活动互相渗透。公共艺术作为城市的主要组成要素,从某种程度上来说,它代表了一个区域的文化内涵以及一个国家或民族的精神风貌。城市独特的魅力和个性可以通过公共艺术作品的创作表现出来,公共艺术作品不仅是城市的标志性景观,也是城市文化的重要组成部分。

公共艺术作为媒介可以传达丰富的信息与感情,并给人带来特殊的感受。近些年来,我国经济实力不断增强,人们对自身精神生活的关注也日益增加,在此背景之下,大量公共艺术作品应运而生。它们既是艺术家个体的艺术表现,也是社会群体集体声音的浓缩。公共艺术同公众有密不可分的关系,能够让人在更高层次上感知和理解这个世界,进而产生更深远的影响。通过参与公共艺术的鉴赏与创作,大众可以接触多元的艺术形式与见解,进而开阔眼界、启发思考、加强对社会与文化之了解与认同。

另外,大众的参与与互动在公共艺术作品创作与展示中也是必不可少的。艺术家们能够在受众的回馈与参与下,得到创作灵感,进而得到更多的启示与启发。所以公共艺术要与大众建立良性互动。艺术作品只有在受众的交互中才能散发出其真正生命力,才能成为公共空间必不可少的活力元素。公共艺术要想获得持久的生命力,就要注重和受众之间的联系。

城市公共艺术的价值在于其融入了人们的日常生活中,并通过与受众的互动传递出大量的信息及情感,使其在城市文化中占据了举足轻重的地位。城市公共艺术作品为公众营造了良好的文化生活环境,同时推动了城市经济发展。

中国城市公共艺术在其演变过程中,无论在时间上,还是在空间上都表现出社会越来越开放、越来越现代化的特点。在这一进程中,艺术已经不是纯粹的审美对象,而是承载着丰富精神内涵的文化符号。随着现代技术和文化的发展,艺术已不囿于专业领域,逐步融入人们生产和生活实践中。

对城市公共艺术所具有的开放性、公共性的特点,有必要进行更深一步的探索与研究,从而对它的本质有一个更为深刻的认识。从社会学角度分析,城市公共艺术作为一个开放的系统,在职能上表现出社会性,这一特性又体现在它服务的客体,即人们的精神需求与心理状态。目前,人们对城市公共艺术的重视不够、研究不够,致使许多城市公共艺术出现"失语"。要想保证城市公共艺术健康有序的发展,就必须深入生活、深入社会,深刻认识、把握公共艺术的核心精髓。

公共艺术的当代演进彰显出艺术家与公众对公共艺术发展的关键作用。艺术家是公共艺术作品创作人,公众是公共艺术作品接受和鉴赏的主体。艺术家们经过不断创新与试验,在促进公共艺术演变与转型的过程中,也深刻地影响着公众对于公共艺术的认识与评价。公共艺术和公众的互动关系,主要体现在艺术家和社会公众的相互交流与沟通上。公众的参与与反馈既能影响公共艺术创作与呈现,又能彰显公共艺术作品的社会影响力与价值。公共艺术作品在反映公共空间精神特质与审美趣味的同时也满足了公众对公共生活的要求与愿望。所以,公共艺术在当代的演进是艺术家与公众共同参与的结果,表现出艺术、社会与城市三者间复杂的互动与交融。

总体上看,公共艺术在当代的演进是一个持续的、多元化的发展历程,其中涉及艺术形式、观念与实践等多重转型与发展。伴随着时代变迁与社会形态演变,公共艺术的表现形式也出现了新的风貌与特征。公共艺术所具有的历史性与地域性,在这一演进过程中充分体现出来,也显示出它所具有的创新性与前瞻性。公共艺术历史变迁既体现为它本身的形式,也体现了时代文化精神对于公共艺术设计的深远影响。在公共艺术现代演变的过程中,也遇到了很多新问题、新挑战,如艺术与公众如何保持平衡、艺术与城市如何处理好关系、公共艺术对于社会的作用与价值如何体现等。在这探索与创新的年代,公共艺术一定会以一种更开放、更多元、更宽容的姿态呈现出来,得到更广阔的发展空间。公共艺术在未来的发展中会面临着一系列的问题与挑战,这也会给公共艺术研究与实践带来新的角度与机遇。

2.3　创新思维在公共艺术的角色

在公共艺术这一领域里,创新思维起着关键作用,创新思维就像一股不断流动的清流给公共艺术带来繁荣和发展的养料。创新思维从某种角度影响着公共艺术创作观念与方式的不断更新,成为艺术家进行创作活动的动力来源。但创新思维的提出并不是单纯地追求艺术上的革新与独特,而是要谋求社会与文化更深程度上的交融,从而让艺术能够更好地服务于社会与大众。创新思维的引入和实践,恰恰是在这一新的时代语境中,针对人们观念、行为的转变而出现的,所以创新思维成了公共艺术研究领域中的一个重要内容。创新思维不只是一种思维方式,也是对公共艺术作品探索的方法论与思路,启发我们要跳出传统思维模式的束缚,向常规发起挑战,用独特的、创新的思维去创造。

公共艺术是文化在公共领域中的表现方式,它的创新体现在对于社会观念与风俗的挑战与重塑上,并由此引导出崭新的审美与文化潮流。公共艺术是城市建设不可或缺的组成部分,同时也开始渐渐地融入人们的日常生活中。在这一过程中艺术家借助于创新思维之力把它变成了必不可少的手段。创新思维既有助于大众更深刻地认识艺术作品中所表达的思想内涵,又能够激发人对于美的追求。传统艺术创作中,创新思维可能仅仅是艺术家个体思想的表现方式,而在公共艺术领域里创新思维则更多地表现为与大众的互动,引导大众重新思考,以唤起大众对于艺术与人生的新理解。

崇尚创新思维促使公共艺术创作者打破传统创作模式与形式。公共艺术是一个开放且多元的体系,它与其他学科领域有着密切的联系。传统公共艺术往往囿于传统审美观念,致使艺术家们在进行创作时面临被模仿、被仿造的风险。在现代文化语境下,公共艺术有必要突破原有审美规范和格局,找到一条更加符合其发展的路径。在创作思维的推动下,艺术家们不断探索新的创作理念和表现手法,以独特的视角和思考方式审视和解读城市环境和社会问题。创新思维强调创造性地表现而又不拘泥传统审美规范,由此产生了新的美学理念。崇尚创新思维,促使艺术家们以敢为人先的创新精神打破传统艺术形式对他们的禁锢,勇敢地去探索全新的材料、工艺与表现形式,创作出令人叹为观止而又别具一格的艺术杰作。

艺术家最重要的是创新思维能力。公共艺术创作环境复杂多样,每一个公共空间都有自己独特的地方,当地的居民也有不同的需求,艺术家们应该以生活为出发点,试着以当地居民的视角来观察事物,这是必不可少的能力。

创新思维对公共艺术传播有着不可缺少的影响。公共艺术这一文化形态有着鲜明的时代性与人文性,可以给广大人民群众提供交流情感与想法的舞台,从而使得公共艺术得以更好地开展。公共艺术在传播过程中并不只是艺术作品的展示,而是艺术和社会、艺术和公众的互动和交流。在这个过程当中,公共艺术不只需要传达出艺术自身的美,还需要传达出一种思想理念使人们能够正确地理解。在这一过程中艺术家需要用创造性思维,构思创新传播方式,探索更有效的受众参与途径来引导大众对于艺术的认知与感悟。唯有如此方能使公共艺术真正融入广大民众的生活,成为他们不可或缺的一部分。

　　尽管公共艺术中的创新思维发挥了至关重要的作用,但我们仍需谨记,创新并非随意之举,更不是破坏之举。创新就是要更好地满足人的精神需要,只有如此,公共艺术才能够真正发挥出它应有的社会功能。在公共艺术领域,创新思维应以尊重文化传统、尊重公众审美为前提,还要敢于突破传统束缚、引导新的艺术潮流。这种艺术形式应具有广泛的包容性与开放性,能甄别与吸收各种文化元素与审美观点,并融合这些要素与观点,产生新的艺术形式与艺术内容。

　　在西班牙巴伦西亚,圣地亚哥·卡拉特拉瓦(Santiago Calatrava)(图2-25)所设计的艺术科学城(City of Arts and Sciences)(图2-26)项目,是集科学、艺术与娱乐为一体的综合性文化空间,艺术作品融地方文化与建筑风格为一体,融现代技术与传统元素为一体,营造了令人震撼的视觉效果,广受当地市民及游客喜爱,是巴伦西亚的地标。

图2-25　圣地亚哥·卡拉特拉瓦

图 2-26　艺术科学城

艺术科学城由多个建筑和设施组成,包括:

(1)索菲娅王后艺术馆(Palau de les Arts Reina Sofía):索菲娅王后艺术馆从外表看是一艘巨大的游船,仿佛浮在海面,散发出蓬勃的生命力。这座雄伟的船形歌剧院是现代主义风格的完美体现。

(2)海洋馆(Oceanogràfic):海洋馆是欧洲规模最大的海洋科学博物馆之一,它以独特的建筑及多姿多彩的海洋生物展览闻名于世。海洋馆是受海洋生态系统启发而设计的,它的建筑形态就像一个庞然大物,里面有各种水族馆及演出场所。

(3)菲利佩王子科学博物馆(Museu de les Ciències Príncipe Felipe):菲利佩王子科学博物馆因其独特的建筑风格以及多姿多彩的科学展览闻名于世。在白色玻璃与金属结构的配合下,这座建筑呈现了别出心裁的造型,给人以未来感。

(4)天文馆(Hemisferic):天文馆是一个巨大的半球形建筑,仿佛一只巨大的瞳孔。其实它是一座将天文和艺术结合在一起的博物馆,在这里你可以体验到天文观测设备、高级的 iMax 电影院,同时还能欣赏许多丰富的天文类藏品。

京都著名的金阁寺(Kinkaku-ji)(图 2-27)是日本著名的传统公共艺术项目。它的外观闪耀着金色的光辉,仿佛佛教里的圣光。附近的园林经过精心策划,和金阁寺本身互相补充、统一和谐。设计师在设计金阁寺的时候运用了许多新材料、新技术,同时也没有忘记寺院本身的功能。金阁寺成为日本公共艺术项目中的杰作。

图 2-27　金阁寺

金阁寺于 1397 年建成,是室町时代日本贵族建造的高贵别墅。该寺主体建筑由 3 层巍峨楼阁组成,每层外表均嵌有金箔,使寺院在日光照射下熠熠生辉。下层为巨型水池,水池里盛满了金、银、铜质工艺品。一只铺满金箔的鹤立在高楼之巅,寓意长寿吉祥。

金阁寺旁有一个漂亮的日本庭院,包括一个人工池塘,里面倒映着金阁寺金色的外观以及四周的自然景观,给寺庙平添了典雅恬静的气氛。池底铺盖着鹅卵石层,阳光下映出珍珠般的晶莹亮泽,让整个院落透着神秘和浪漫。庭院中,密密匝匝的树木、精心修剪过的灌木与花卉交相辉映,共同构筑了一幅和谐自然之画。

金阁寺因宏伟的建筑、优美的庭院及其特殊的文化、历史背景而受到人们的普遍好评与推崇。该寺建筑风格集日本宗教信仰、自然景观与建筑艺术于一体,显示出日本传统文化之精华,显示出深厚的历史与文化底蕴。

京都金阁寺是日本经典的建筑艺术作品,是重要的文化遗产,已经被收录进了世界文化遗产名录。京都金阁寺每年吸引了许多游人来到这里,在这里,你既可以欣赏日本传统的建筑之美,又可以欣赏日式传统园林的设计,还可以领略日式佛教的韵味。

巴西利亚大教堂位于巴西首都巴西利亚,是一座具有现代风格的教堂建筑,其玻璃面板上雕刻着一系列抽象的圣徒形象,显示出独特的艺术魅力。该设计灵感来源于巴西当地印第安人部落特有的艺术风格,它把地方文化元素和现代建筑进行了完美结合,给大众带来了独一无二的视觉享受。

巴西利亚大教堂的设计师是著名巴西建筑师奥斯卡·尼迈耶(Oscar Niemeyer)(图 2-28)。他在 1964 年开始着手建造巴西利亚大教堂,采用了当时十分前卫的超现代主义设计理念,教堂整体呈几何形状,外观流畅。

图 2-28　巴西建筑师奥斯卡·尼迈耶

教堂由 16 根抛物线状的支柱支撑起教堂的玻璃穹顶,远处看去好似变形的洋葱。教堂内部空间宽敞明亮,既无传统教堂柱子,也无隔间,形成了宽阔、融洽的气氛。教堂里还设有若干个为人祈祷、举行宗教仪式的小礼拜堂。

巴西利亚大教堂既是重要宗教场所,又是旅游景点、文化活动场所。因其建筑风格独特、内部装饰瑰丽,吸引着众多游客前来观赏。

创新思维还应具有反思与自我修正能力。在进行公共艺术创作时,画家既要敢于尝试、勇于创新,又要具有随时对作品进行反思、检视的自觉。唯有如此,他们才会在创新之路上不断前行、超越自我,才会真正创作出打动人心、发人深省的公共艺术作品。

《歌声欢唱的树》(The Singing Ringing Tree)(图 2-29)是英国兰开夏郡的一项知名公共艺术项目。它是由风力发电装置组成的一个巨型音乐装置,只要有风吹过,装置的管道就会奏出悦耳的音乐。这是一项跨领域的技术融合,结合了音乐、自然、公共艺术等三个领域的精华,成为当地的一张名片。

图 2-29　《歌声欢唱的树》

"Inside Out"(图 2-30)是法国艺术家 JR(图 2-31)发起的一项全球性的公共艺术项目。每位参与者可以拍摄自己的肖像照片,并把它放在公共场所展示。通过这种形式,参与者可以把自己所拍摄的照片背后的故事传达给公众。这个项目突破了以往摄影只能单方面给观众传递图像的限制,而是让公共空间成为一个个人和集体创作、交流情感的平台。

图 2-30　Inside Out

图 2-31　法国艺术家 JR

"城市之光"（Urban Light）（图 2-32）是一组位于美国洛杉矶县立艺术博物馆门口的公共艺术装置，它的主体材料是废弃的路灯。通过艺术家们的精心设计和对废物的利用改造，给艺术博物馆门口增添了新的光彩。

图 2-32　"城市之光"

公共艺术领域中创新思维的提出能促进多学科交叉融合与合作，进而推动艺术创作发展。公共艺术这一独特且迷人的文化形式的出现与发展，既与人们对于生活环境和人类自身的思考与理解密不可分，又体现了人类在各个时期所寻求的精神价值目标。公共艺术创作需要横跨多门学科领域,将艺术、设计、策划、工程等各方面知识与专业技能进行整合,才能实现较高程度上的创作效果。创新思维有利于增强作品艺术性与价值感。崇尚创新思维,鼓励艺术家等各方面专业人士合作探索,破解复杂的城市、社会难题。笔者从共享空间出发,通过分析目前我国城市建设过程中出现的问题及公共艺术在缓解上述问题中所起的作用,给出相应的建议。通过跨学科合作,公共艺术作品能够与城市环境及社区需求更好地契合,进而产生更深远的社会影响与意义。

公共艺术的社会参与,是由创新思维所驱动。公共艺术通过塑造城市空间中富有文化特色与个性魅力的公共艺术作品让人们感受独特的生活方式、历史传统与人文关怀,以激发人们对美好生活的渴望。公共艺术作品创作与呈现过程中与社区居民之间的广泛互动与协作是不可或缺的。创新思维注重通过一种开放包容、平等对话的形式实现公共艺术创作与传播,为公众提供更多样化的精神文化生活体验。崇尚创新思维,鼓励艺术家、设计师等与社区居民合作,洞察居民需求及观点,有机融入艺术作品创作流程。公共艺术品就是以人为主线而设计出来的,所以创新思维可以增进人与人之间的互相了解,提升公共艺术的创作。创新思维借助公共艺术领域的众包、社交媒体以及其他各种手段推动着社会更加广泛地参与共同创作。

众包是指项目创作或者决策的过程,它的核心是通过向大众广泛征求意见和创意来推动项目成功执行。在信息技术与互联网技术不断发展的背景下,众包已经逐步成为文化传播的新途径。通过利用众包平台与手段,艺术家与规划者可以邀请大众参与公共艺术项目创作、设计与决策,从而较好地适应社会的要求与期待。公众不但是作品的参与者更是决策者,可以直接介入艺术创作的进程,同时还可以将社会生活中的想法与情感表现于作品之中。众包平台让大众有机会分享自己的想法和看法,参与艺术作品的制作过程,并一起创作出与社区有关的艺术作品。

小野洋子(图2-33)在艺术界声名斐然,她的代表作品之一是一个从1981年开始长期持续进行的指令艺术项目《许愿树》(图2-34),即人们可以把自己的愿望写在小纸条上,再挂在高高的树上。这是一次参与性极高的大众活动,获得了一致的好评。因为它可以把大众也拉入艺术创作的行列中。

人们可以随时根据她的指令移植一棵当地的树,邀请更多的人在树上绑上自己的心愿小纸条。不拘泥于地点,也不拘泥于树的品种。如图2-35所示为在世界各地展出的许愿树。

图 2-33　小野洋子　　　　　图 2-34　《许愿树》

图 2-35　在世界各地展出的许愿树

为了尊重愿望作者们的隐私,小野洋子没有直接阅读这些愿望,而是将它们全部收集起来,埋在冰岛科拉弗勒尔湾维伊岛的想象和平塔(Image Peace Tower)(图 2-36)的底部,至今已有 100 多万个愿望被埋在塔下。

想象和平塔的设计灵感来源于小野洋子与约翰·列侬共同的信仰与思想。其建筑主体为一个使用 24 国语言铭刻着"Imagine Peace"的圆形基座,周围埋有 50 万个装有"和平"愿望的胶囊。"光塔"的形体来自于 15 盏探射灯发射出来的 4000 米高光束,在每年的 10 月 9 日至 12 月 8 日之间,这些光束将会在冰岛雷克雅未克点亮。

想象和平塔于 2007 年 10 月 9 日正式开放,这天也是已故歌手约翰·列侬 67 岁的生日,这是一座艺术气息浓郁、人文情怀深厚的纪念碑,它成了一个永远存在于人们头脑中的符号。

图 2-36　想象和平塔

　　公共艺术可持续发展的推动来自创新思维的广泛运用。时代在不断进步,人们对于城市生活质量也有了全新的需求。公共艺术项目创作与呈现过程中需要兼顾资源高效利用、环境可持续保护与社会可持续发展等因素,才能保证项目长久兴盛。创新思维可以让大众通过视觉感受,理解设计者对待环境问题所采取的方式,理解设计者是怎样处理矛盾关系的。在创新思维指导下,艺术家与设计师对环保材料、绿色技术以及可持续创作方法进行探索,从而达到环保与可持续发展。公共艺术作品以创新思维为先导,能够作为一种表达环保意识与可持续发展、传达环境保护与可持续生活重要信息的介质。

　　从整体上看,创新思维对公共艺术领域具有促进、引领等多重作用。公共艺术是社会意识特有的表现形式,它既有一定的社会性与艺术性,也反映了时代特点,是广大人民群众精神追求的表现。创新思维推动着公共艺术蓬勃发展,引导着公众审美走向,谋划着艺术和社会、艺术和公众的密切关系。与此同时,创新思维对于公共艺术自身而言是非常重要的,它使得公共艺术变得更加充满活力和魅力,能够更加吸引人欣赏。只有当我们深刻地理解和灵活地运用创新思维时,公共艺术才能够真正实现它的价值,才能够成为社会文化生活不可缺少的部分。

第三章

创意思维：理论与实践

3.1　创意思维的理论基础

　　对创意思维理论基础的探索是一个涉及面很广又很深奥的问题,有必要从心理学、教育学和艺术理论等多角度出发,对其进行深入的研究。公共艺术是社会意识特有的表现形式,它既有一定的社会性与艺术性,也反映了时代特点,是广大人民群众精神追求的表现。要使创意思维融入城市公共艺术中,需要在几个关键的方面做深入的探索。

　　学术界普遍接受的界定为:创意思维是指能生成思想或者解决问题的独特的、新颖的思维方式,其特点是发现新奇事物。这种思维模式涉及观察、想象、推理、判断和做决定等诸多环节。就艺术创作而言,创意思维可表现为构思、创新、表达和实施四个步骤。就城市公共艺术而言,艺术家利用创意思维观察城市环境,想象新的艺术形式,推论与判断可能产生的结果及效果,并确定最终的创作方向与实现途径,从而完成整个艺术创作过程。

　　创意思维在城市公共艺术当中的应用是艺术家多角度思考并做出决定的一个过程,也是一个高度繁杂的工作。笔者根据多年从事城市公共艺术设计的实际工作,对现代公共艺术设计应该怎样与创意思维较好地融合,谈几点经验和感受。

　　观察是激发创意思维的一个重要出发点。艺术家们通过对城市环境进行仔细观察,获取了许多宝贵的资料,这些资料能给艺术家们带来新思路和新方向。例如,艺术家们通过观察城市里那些特殊的建筑、人流及社会问题等获得创作灵感。

　　想象是创意思维的关键内容。艺术家们通过想象力这一中介,孕育了匠心独运的艺术形式与理念,展现出独特的创新风貌。想象是创造的活动之一,能创造出新的东西,能发现新的材料或提出新的问题等。他们可以通过融合不同元素来营造新的视觉效果或者情感体验。艺术家们的想象力使艺术家们具有突破传统、突破常规,探索更有创意、更独特艺术表达方式的力量。

对于创意思维和艺术创作而言,想象力是一种独特而深奥的能力,它犹如灵魂的翅膀,为艺术家提供了创造无限可能的关键驱动力。在艺术领域里,想象力是艺术作品魅力形成必不可少的要素之一。在艺术家们内心深处,无穷的想象空间滋生出了创新所特有的艺术形式与理念,也成了艺术家们不断寻求创新取之不尽、用之不竭的源泉。

想象力是一种魔力,可以打破既有的规律和局限,把普通的器物与鲜活的想象融为一体,使其不断产生新的视觉效果与情感体验。在一支普通画笔的帮助下,画家可以勾画出独特的天地和不凡的艺术创造,还可以借助于某些特殊的材料或者技术使作品具有新的意义。在想象力的帮助下,艺术家能建构引人思考的隐喻,并引起大众的反思。

从整体上看,想象力对创意思维起着不可替代的作用,是艺术家把抽象概念变成具象艺术作品的重要力量,这也是他们在创作过程中寻求创新、独特、深刻表达方式的关键动力。

推理与判断是进行创意思维过程中不可缺少的环节,也是促进创意思维发展的关键性因素。艺术创造的过程可看作是逻辑推理和评判的连续过程。推理艺术家创意作品产生的作用与影响是必不可少的步骤。艺术家们在进行艺术创作时,对所要表现的事物进行持续的思考,针对不同的题材选择恰当的表达方式。还需要基于各自的认识,通过不同的视角去思考问题,从而产生出新的见解和做出恰当的推论。通过推理与判断受众的回馈以及作品对于城市环境与社会可能产生的影响,艺术家们可以不断优化与改进自己的创作方向,使自己的作品更具有合理性与可行性。

在创意思维领域里,推理与判断都是必不可少的环节,对艺术家来说也是这样。艺术家常常在了解艺术作品的基础上,从多种途径来分析和思考他们创作出来的艺术作品。这不仅表现在艺术家个体对于作品的美感的把控,还表现在通过对作品所能产生的广泛意义的思考与展望来获得更为深刻的认识。艺术这门学科注重想象,它本身就是一个逻辑思考和逻辑推理都很丰富的学科。艺术家在创作中不断地自我推理来预测自己作品所可能产生的视觉、感官以及情感上的诸多影响,是一个不断的追求与探索的过程。

在进行艺术创作时,艺术家们还要考虑到受众可能做出的反应及可能对作品进行的诠释，把这些想法都纳入自己的头脑之中，最后完成创作活动。这一推理过程不是单单的个人思考，而是艺术家对社会本质、对人性本质的理解。艺术家只有透彻理解了受众的需求，才能和受众产生共鸣。

公共艺术并不局限于情感层面上的沟通，更多地包含了对社会、文化和环境几个层次的深入讨论。所以，艺术家应该从更宏观的角度去审视艺术与社会的关系，这样才能给自身带来更宽广的发展空间与可能。通过推理与判断的应用，艺术家们可以不断地调整与改进创作方向与创作策略，以增强作品创作的合理性与可行性。与此同时，艺术家们在创作过程中会对自身创作经验与艺术观念进行不断地反思、总结，以全新的方式向观者呈现这些结果，以达到最大限度地发挥自我价值。艺术家是在推理与判断中学习与成长起来的，并经过不断地思考与探索来完善自身的艺术创作，让艺术创作更有深度与广度，给受众与社会带来更多的精神食粮。

决策在实际工作中就是要把有创意的思维方式变为实际。艺术活动的决策问题主要是艺术作品自身的抉择问题，即艺术创作的选题、构思与设计问题。艺术家们凭借自己对作品的观察、想象、推理与判断来做出决定，决定创作的最终方向与实现途径。进行决策时需考虑艺术媒介选择、创作空间与时间确定及资源协调与运用等。

当艺术家们把创意思维具象化，由内在想象变成具体艺术品时，决策毫无疑问是一个动态而又实用的重要环节。艺术家们做决定并不只是单纯地做出抉择，他们要通过全面地分析个人的观察、想象、推理与判断来取舍多种可能，这就要求他们需要找到最合适的艺术媒介来表现自己的想法，理清艺术创作的时间与空间范围，同时也要考虑如何调和与运用手边的各种资源。艺术家们可以凭自己的爱好决定创作与否，或者凭个人的意志确定需要什么物质资源，甚至作出一些评判，比如有没有更多的时间投入在艺术创作上。这些决定对于艺术创作过程无疑具有深刻的意义，艺术家们的想法通过决择被具象化，并从抽象地思考逐步变成可以接触到的具体艺术作品。

决择过程是艺术创作由构思产生艺术作品，直至作品完成的复杂、长期过程。在这一过程中艺术家要利用自己拥有的专业知识并结合自己的体验与直觉不断实践与调整才能达到最佳效果。艺术家个人的成长与发展需要通过不断地探索与实践，不断地完善自身艺术理念与技巧，且不断地与社会、观众进行沟通、交流。

所以在城市公共艺术领域里,创意思维就是艺术家通过观察、想象、推理、判断与决策一系列复杂过程来达到深刻地理解与完整地掌握事物。通过这一过程,他们可以用巧妙的手法创造出同城市环境互相渗透的艺术作品。通过创意思维的应用,使城市公共空间不断丰富,在激发受众想象力与参与度的前提下,赋予城市更大艺术魅力与创造力。

要实现创意思维,首先要树立一种开放、多元的观念。这一观念主张对待一切事物都有各种各样的方法,没有绝对的对与错,只有适应与不适应、有益与无益之分。以此为基础,形成多元文化共存、开放兼容、自由发展的新气象。在进行城市公共艺术创作时,艺术家可借助开放性与多元性等概念来开阔眼界、突破传统束缚,以创造出既有艺术价值又能满足公共需求与城市环境要求的作品。

开放思维模式代表着对多样性与不同意见的宽容与尊重。艺术具有多元性、自由性、创造力等特点,可以使人与人之间在平等对话中进行思想交流。艺术家要用一种豁达的态度去包容和接受各种特殊的观念与想法,从而保持心灵上的自由与开阔。当代艺术语境中,艺术家需要突破原来封闭的状态,从更多元的角度去考虑艺术创作问题。他们能从不同领域、不同文化、不同背景中获得灵感,并把这些多元化要素有机地融合在自己的创作中。开放性思维是艺术创作中主要的思想和方法。艺术家可以用开放性思维方式向传统的局限发起挑战,进而孕育更多创造性与独特性的作品。

多元性观念强调的是多样性和差异性。所以在进行设计时,一定要充分地考虑到不同受众的群体特征。艺术家应意识到每一个受众的需求与视角是独特的,所以需要个性化地创造与展示。就艺术创作而言,多元化艺术观有利于提升作品吸引力,亦利于提升创作质量及水平,更利于艺术家深入了解受众对于艺术作品所持态度及意见。对社区居民多样性、多元文化背景要充分重视与尊重,保证不同人群观赏习惯、审美观念受到尊重。艺术家通过对不同受众群体需求的综合考量与整合,能够创造出更具有包容性与共鸣力、更符合受众群体审美需要的艺术作品。

当代社会,城市公共艺术创作经历了由单一形式到多元化发展的过程,逐步形成了全新创作理念。艺术家可以用一种更自由、更开放、更多元的态度去思考、去创作,并在与受众的交往与参与中达到艺术作品与大众情感上的共鸣与密切联系。这一多感官体验方式以尊重大众审美习惯与接受能力为条件,使大众参与艺术创作,推动创作过程互动性的开展。这种创新思维可以给城市公共艺术带来更大的活力与创造力，在丰富城市文化面貌的同时还能促进大众对于艺术的理解与参与。

每当 LGBT 运动纪念月来临时，旧金山市政广场上就会飘扬起五颜六色的旗帜（图 3-1）。彩虹旗上有"每个人都有权""人人都是艺术家"等标语。这一艺术行动显示出社区的多样性、表现出艺术和政治之间的结合，并强调要平等地对待一切人。

图 3-1　彩虹旗

对创意思维来说，它必须建立在批判性、反思性思维方式之上。批判性思维就是围绕问题展开思维和解决问题的过程。这一思维方式需要人们敢于质疑与反思自己的思想与行为，同时向现状与权威发起挑战，从而表现出智慧与勇气。所以批判性与反思性的意识对艺术创作来说是非常重要的。在进行城市公共艺术创作时，艺术家需要用批判性与反思性思维来不断地检视与调整创作观念与模式，才能保证其作品的创新性、深度、影响力达到最优。

另外，创造性思维还要善于利用洞察力与直觉力来实现较高程度的表达与领悟。艺术家应该善于捕捉日常生活中可能出现的种种现象。艺术家需要在日常生活与城市环境中进行深刻的观察与感悟，发掘被忽略的美好，借助直觉与灵感作为中介，把这些洞见变成有创新性、有影响力的公共艺术作品。

城市公共艺术所具有的价值不只是美化与点缀城市，还包括改善城市文化氛围，增进社区联系、增进城市身份认同，以及引导市民对城市环境与社会问题的重视与思考。

城市公共艺术作为城市中的一个重要部分，它的生存与演进体现着城市历史、文化、价值观以及社会变迁等内容，在城市发展中占据着举足轻重的地位。城市公共艺术作品作为一个城市文明的标志之一，也是展示城市形象最为有效的途径。可以通过借助艺术语言的意象、符号、故事等要素来刻画城市故事，传达城市精神内涵，塑造独特的城市形象。城市公共艺术作品既是视觉上的艺术形式，也是抒发人内心情感的介质。通过公共艺术在城市中的展现，公众可以更深刻地欣赏与感悟城市，进而深化对城市身份与归属的理解。

城市公共艺术对于社区建设起着必不可少的作用。社区公共艺术因其特有的方式，与人们的生活密切相关。社区的凝聚力与活力，可借由公共空间与公共活动获得提高。公共艺术作品作为一种文化现象，对提升人的审美能力与人文素质有着其他艺术形式所无法代替的重要作用。参与公共艺术创作及活动有利于大众更加深入地理解并尊重相互间的分歧，进而构建并保持社区和谐凝聚力。

城市公共艺术是提出与反思社会问题的表现。城市公共艺术潜移默化地影响着人们，是人们生活必不可少的部分。它将环境保护、社会公正与人权等社会议题用艺术的形式展现出来，唤起大众对这些议题的重视与反思，唤起大众的社会责任感与行动力。在艺术力量的帮助下，公众能够更深入地理解并化解社会难题，进而促进社会不断进步与发展。

从整体上看，城市公共艺术对城市生活起着关键作用，它的价值与功能并不限于表面上的审美与装饰功能，还渗透到社区、大众与社会等诸多层面。城市公共艺术作品经历了动态的发展和变迁过程，可以说城市公共艺术创作和传播经历了不断的探索、创造和突破。所以对城市公共艺术的认识与实践需建立在开放与创新思维方式之上。从这个意义上看，可以认为城市公共艺术属于创造的范畴。要促进城市的变革与进步，就必须突破传统思维的框架，寻求全新的艺术形式与表达方式，主动参与到城市公共生活中去，用敏锐而丰富的想象力去发现并揭示城市中存在的问题，进而促进城市的进步。

在城市公共艺术中进行创作需鼓励艺术家运用有创意的方式与途径来激发其创造力与想象力。城市公共艺术作为一种文化形式，是时代的产物。通过数字技术、虚拟现实、互动装置等创新手段的应用，他们可以开辟城市公共艺术新形式、新媒介、新技术，给城市公共艺术注入新的生命力。他们还可以利用媒体平台向公众展示自己的作品。在其他方面专业人士及社区居民的配合下，一起创作别出心裁、影响深远的艺术作品。

　　提高大众的艺术修养与创新能力是促进城市公共艺术发展必不可少的一个重要环节。现代社会经济和文化事业飞速发展，人们对身边世界的关注度不断提高，艺术这一精神享受渐渐进入寻常百姓家庭。艺术之美不应该局限在艺术家或者专业人士身上，它应该渗透在日常生活中。艺术教育作为大众审美意识中的重要一环，同样应得到更多的重视。所以，通过针对性艺术教育课程、各种工作坊、培训活动等，可以切实提高大众的艺术知识水平与鉴赏能力，有助于其打破传统的思维模式，形成更独特、更敏锐的艺术视角，增强其艺术鉴赏能力、创新思维水平。

　　自由之路(Freedom Trail)(图3-2)是连接波士顿16个历史站点的历史教育步道，为游客提供城市与城市之间历史文化交流的平台。历史建筑、墓地、会议厅、战场等，都是步道的覆盖之地。它为人们展示了各个时期所经历的主要战争和若干重大战役。自由之路专注于推广美国革命中的重大历史事件与杰出人物，它把大众带到城市里具有纪念意义的地方，增进大众对历史的了解。

　　波士顿公园(Boston Common)是一座古老的美国公园，它也是自由之路的起点。波士顿随处可见自由之路的标志，游客可以购买自由之路的导览图并结合这些标志进行自由之路的游览。顺着导览图走上那些弯弯曲曲的线路，穿过波士顿中心的一条条窄街，游客很快便会沉醉于历史建筑的韵味中。

图3-2　自由之路

　　上海龙美术馆(图3-3)长期对外开放，其展览内容涉及当代艺术、设计、摄影等多个领域，为广大艺术爱好者提供全方位的艺术体验。每年都有一大批优秀的作品参展于此。龙美术馆不只经常会有例行的展览，也会有艺术讲座及其他公众教育活动。这给市民带来广阔的学习机会，具有极高的教育意义。

图 3-3　龙美术馆

　　龙美术馆旨在弘扬与展现当代中国乃至国际艺术的精华,从而彰显自身独特艺术魅力与文化价值。龙美术馆是以展览为主,科研和教学相结合的美术专业博物馆。该馆馆藏艺术形式多样,有绘画、雕塑、摄影、装置艺术及多媒体艺术,给参观者带来丰富多样的艺术体验。该美术馆现已成为全国大型综合性艺术品博物馆,展览场馆中展出的艺术品既涵盖了海内外著名艺术家的名作,又展现了新兴艺术家们的创新成果。在这里人们能领略到各个年代、各个风格和各个流派艺术创作的成就。龙美术馆通过丰富多样的展览及艺术活动给观众提供了深刻认识当代艺术的极佳舞台。

　　龙美术馆的影响并不局限于国内,它在国际艺术界所享有的威望同样不容忽视。该馆与世界各地艺术机构及博物馆有密切的合作关系,进行过多次跨国合作展览,还积极参加国际艺术活动及文化交流。

　　上海世博公园(图3-4)是2010年上海世博会的主要举办地,是集现代艺术、环保科技、园林艺术于一体的综合性公园。园区在规划上设立了"城市森林""自然之春""绿色家园"几个主题展区,以多种形式向人们展现人与自然和谐共生的思想。

世博公园中,大量雕塑与艺术装置能够启发大众对环境保护与可持续发展重要性的理解。

图 3-4　上海世博公园

公共艺术作品能否体现公众需求与期待,能否贴近生活,能否产生社会价值与影响,关键在于公众是否参与。为此,要从公众参与出发,寻找推动公众参与创造公共艺术作品的新途径,以达到大众和公共艺术创作的交互和交融。通过这一途径,既能提高大众的艺术修养又能推动公共艺术蓬勃发展,让艺术为大众、为社会服务。

为推动艺术家、设计师、城市规划师、社区组织及政府部门等多方合作,有必要构建一套多元化合作机制与平台。以跨学科、跨领域合作为手段,聚合各方面专业知识与资源,协同推动公共艺术项目创新与实施,进而增进交流与合作。

在公共艺术项目推广与执行过程当中,构建多元化协作机制与平台非常关键。笔者从创意空间出发,在对其构成要素和功能作用进行剖析的基础上,建构出一个包括政府主导、市场参与和公众支持等多元主体协同运作的机制。该机制有利于促进艺术家、设计师、城市规划师、社区组织以及政府部门等多方力量密切合作,进而推动公共艺术项目不断创新并产生深远影响。

构建这种多元化合作机制能够促进各学科、各领域间的沟通与整合,以取得较好的合作效果。在整合艺术家创新理念及设计师专业技能时,再加上城市规划师的专长,最后通过社区组织及政府部门的正面推动及扶持,可以一起塑造一个崭新的、富有创意的艺术形式,有助于提高市民对于城市空间环境和建筑品质的重视。将公共艺术发展推向一个全新的领域,既要求艺术和社会完美结合,又要突破传统思维模式,促使艺术不断进取。

另外,这一协作机制也有利于我们将各方面的专业知识与资源优势发挥到极致,从而达到资源整合与优化。笔者以具体实例为基础,介绍一种新型的、基于互联网技术的合作模式——互联网+公共艺术项目协作式管理平台。在公共艺术项目策划与实施中,可以利用这一平台共享资源、交流理念,共同解决存在的问题,以推动项目顺利进行。与此同时,公共艺术项目作为文化创意产品在内容和形式上具有很强的独特性,这就要求设计师必须深入思考,设计出能满足广大人民群众所需的作品。提升公共艺术项目社会价值与影响力既有利于优化资源利用又能促进项目效率与品质的提高。

所以,构建多元化协作机制与平台来推进公共艺术项目创新与实施是推动各方面协作的关键措施。本书在理论研究的基础上,通过分析和对比国内外有关案例,得出了适用于我国公共艺术作品多元合作模式发展阶段的经验和启示,并且根据我国现阶段社会经济形势,对公共艺术建设提出了几点建议。唯有在多元合作的基础上,才能充分发挥各方的长处,共同促进公共艺术的繁荣发展,让艺术真正融入每个人的生活,为人们的生活注入更多的色彩和活力。

整体来看,在创新艺术创作支持与公众艺术素养提升下,有望促进城市公共艺术繁荣发展。在这一过程当中,大众既可以感受文化创意产业的经济价值,也可以享受到艺术给自己带来的精神快感。此举将会给城市带来更多绚丽多彩的文化景观,同时能够促进大众对于艺术的理解,还有利于城市可持续发展,提高社会凝聚力。

为促进与保持公共艺术创新与多样性,需要积极提倡与落实开放政策与体制来刺激与保障公共艺术发展。从世界范围来看,我国已初步构建了一系列行之有效的公共艺术政策与实践框架,这为公共艺术创新发展的达成搭建了很好的平台与路径。公开透明的公共艺术项目招标与评选机制、公平公正的公共艺术资金与资源配置方式、灵活宽松的公共艺术管理与监管政策等构成公共艺术领域中的重要内容。另外,还要制定和完善有关法律、法规、标准、程序等,为公共艺术创造一个有利的外部环境。通过落实这些举措,可以吸引并保留各种优秀且富有潜质的艺术家、富有创意且富有感情的大众,为促进城市公共艺术创新与进步创造一个正义且富有活力的氛围。

对城市公共艺术的认识与实践需建立在开放性与创意思维方式之上，这将成为我们处理城市复杂性与多元性问题的一项重要战略，也将成为城市美学与社会目标达成的一种有效路径。城市公共艺术作品整体应处于开放性环境中。城市公共艺术通过开放与创新，可以推动城市美化、刺激大众参与教育、提升社区凝聚力与和谐度，并能唤起社会重视与进步。

3.2　创意思维的实践方法

城市公共艺术要想发展并实现无限可能，就必须采用创意思维方式作为实践方法。创意思维的实践方法涉及诸多方面，包括界定问题、收集资料、联想与联系、反向思考、尝试与试验等诸多内容。

问题的界定是创意思维实践的关键环节，深刻地影响着艺术家与设计师们的创作进程。问题界定阶段，艺术家与设计师们需本着一种开放、全面的心态，摒弃先入为主的思想，对问题的实质及其环境背景进行深入研究。

对问题进行界定的过程要求深挖问题核心、揭示问题本质、了解问题深层需求与挑战，不能只停留在表面上进行归纳。从这个意义上说，问题就是艺术家和设计师之间思维碰撞的火花，并不是空洞的观念，只有不断地追问才能使问题明确具体。艺术家与设计师一定要有批判性与分析性思维，对问题进行深度思考与探究，其中包括但不仅仅局限于厘清问题边界、制定解决问题的目标，确定可能的解决方法。

问题界定阶段需要从创新与多元化角度考虑，而非仅仅理性分析。我们要多角度地去了解，去认识问题的实质。艺术家与设计师们需要从多元化角度来考察问题并探讨其他方面及可能的解决途径。他们首先要了解问题所在，再做出合理的决定。他们需要跳脱出自己的认知框架去借鉴其他方面的知识与技术，或者站在别人的立场上，去考察问题。

收集信息是艺术家与设计师创作过程中至关重要的工作，是必不可少的环节。只有大量地收集整理素材，才能打好创作的基础，更好地服务于创作。艺术家与设计师们不能仅仅局限于本专业的信息和素材,应该深入收集各个领域的新知识,了解市场需求的最新变化,与时俱进。

这一过程并不是没有章法的,它要求目标清晰、规划井然有序,以便发现并整合资料。从个人在艺术领域中的感悟到创作风格的最后形成,离不开资料的收集。获得最新观点及资讯的方式有很多,如阅读各种文献资料,亲自参观艺术展览或是博物馆,与专家学者或是行业同仁交流讨论,甚至通过网络社交平台。收集数据时应注意多角度进行,主要有时间维度的横向对比、空间维度的纵向对比和内容层面的分类汇总等角度。通过充分细致的信息收集使艺术家与设计师能够对问题产生的来龙去脉有一个较为深刻的了解,进而对问题全貌有一个较为完整的掌握。

在资讯的海洋里,艺术家与设计师们不但可以吸取新智慧、开阔眼界,而且还能引起更多的联想与想象,引发更多的创意灵感。在日新月异的变化中,艺术家与设计师总能捕捉到一些神奇新颖的创作火花。如从一个古老传说中寻找新的艺术元素;从与专家们的沟通中找到新的设计方向;从市场需求波动中找到新的商业机遇。

在创意思维的过程中,收集信息就像一盏灯,为艺术家、设计师们探索创新之路指明了道路。笔者在分析和研究了大量优秀实例的基础上,发现设计师和设计师的配合对作品的成败有着重要的影响。信息收集不仅能帮助其对问题有一个较为全面而深刻的认识,而且还能启发其创意思维并指导其创作出具有较强创新性与影响力的艺术作品。

"在我死之前"(Before I die)(图3-5)计划由美国华裔艺术家张凯蒂(Candy Chang)提出(图3-6),其目的在于通过在公共空间中建立一个大黑板墙,请人们用彩色粉笔写上自己人生的目标与理想,邀请人们分享他们在生命尽头所渴望实现的愿望。它通过收集公众的愿望和想法,通过分享个人故事的方式,创作出一个开放、共同参与的城市公共艺术作品。

图3-5　Before I die

　　"在我死之前"计划起源于新奥尔良的一种公共墙,这一开放而互动性极强的形式,突破了对死亡的缄默与禁忌,给人提供了公开展示与共享生活目标与理想的契机。

　　"在我死之前"计划为人们提供了一个可以尽情发挥创造力和想象力,并且可以将其分享出去的平台。项目主旨:生命很短,也很宝贵,每一个人都有自己的梦想与欲望,在追逐欲望的同时,不能忘记珍惜梦想。在参与该项目的过程中,艺术家们可以通过自己的作品与大众对话,有些艺术家采取了影像的方式呈现思想,使艺术作品拥有了更鲜明的风貌。该项目鼓励艺术家们,将自己的感受融入作品中,极大地改变了艺术单一创作的方式,在艺术家和观众之间搭建了桥梁。

图 3-6　张凯蒂

　　这一计划用一种创意思维方式,展现了公共艺术的潜力与可能。它给大众提供了平等交流的机会,并通过多种材质和工具的自由组合把它们变成可利用的艺术品。张凯蒂的创作突破了公共艺术的常规形式和限制,创造了一个开放、互动的平台,为人们提供了参与艺术创作、表达自己观点和感受的机会。这一形式不但使艺术作品具有更鲜明、更逼真的特征,而且还能调动大众参与、对话的积极性,使艺术在人们的日常生活中变得必不可少。

　　另外,该计划还利用公共空间这一平台进行艺术表达,使艺术作品在城市环境中有机结合,使艺术和城市生活无缝对接。与此同时,为更好地反映艺术家对于城市环境的情感与思考,设计构建了以人为主线的互动平台——城市微缩景观系统。这种形式在提高城市审美与文化品质的同时,还把艺术纳入城市的各个要素中,使大众对城市环境的认知与感受发生了深刻的变化。笔者从公共空间设计入手,对它的发展现状进行了分析,并且对今后的发展趋势进行了探讨。通过对个人心愿的记录,使人能够在公共空间上留下特殊的痕迹,使这一空间具有更强大的生命力与人性化特质。

　　"在我死之前"计划既是艺术表达也是公众参与实践,它给社会提供了无限可能。它主张把艺术家个人创作同大众互动结合起来,从而使艺术创作多元化并具有社会价值。把艺术纳入公共空间与日常生活之中,既能唤起人们对于生命的激情与对于未来的憧憬,又能促使他们重视人生的目标与理想。鼓励公众融入公共艺术来抒发个人观点与感受,进而唤起公众参与意识与社区精神。这种介入不仅表现为对作品自身的鉴赏和评价,还体现为对环境、社会、经济和人类自身诸多问题的重视。在这个过程中,人本理念扮演着愈来愈重要的角色。基于此,人本理念对现代城市公共艺术提出了更高的要求。借助公共艺术的力量,公众可以推动社区的发展和社会的变革,这是一种具有重要意义的方式。

"在我死之前"是公共艺术项目中的优秀范例,它的成功令人惊叹。与此同时,也把艺术的精神理念贯穿于城市设计中,让艺术作为一种生活方式潜移默化地作用于人的行为与思想。该计划在提高城市艺术与文化水平的同时,还对今后公共艺术项目的建设提供宝贵的实践经验与启发,以促进城市文化发展。

联想不仅是创造性思维中最关键的手法,也是不断产生灵感的泉源。艺术家与设计师们凭借他们特有的洞察力与想象力,把似乎风马牛不相及的因素、理念、观点与体验巧妙结合起来,孕育了具有创造性的作品。

联想的思维给艺术家们和设计师们提供了超越表象的思路,使他们能够更加深刻地发掘事物之间的内在联系。设计师们切换视角,从另一个角度来认知事物,结合大量的生活经验,将其更好地应用于作品的设计中。比方说,设计师们可能会从水流的形状或者从风的动感中将得到的灵感和创作的艺术作品联系起来,产生独特的情感表达。

从整体上看,联想是启发创意思维,开拓艺术家与设计师思维领域,引领艺术家挖掘新创作灵感的一种重要手段,从而打造出别出心裁、具有深刻内涵的艺术作品。

艺术家 Gordon Young(图 3-7)和 Why Not Associates(图 3-8)合作创作了Reflections(图 3-9),他们在城市的广场上安装了一组倒置的字母装置,字母的倒影在地面上形成可读的文字,为读者提供了一种独特的阅读体验。该设计把文字放置在富有动感和活力的空间里,使人们可以用不同的视角去观察它传递的信息。作品以颠倒的方式创造出视觉联想效应,而引发对文字和环境相互联系的深刻反思。

运用逆向思维策略进行艺术创作与设计有着重要的价值与意义。这一方法对我国传统思维模式提出了挑战,迫使我们必须从问题的对立面来探求答案,因而产生了杰出的创新成果。

图 3-7　Gordon Young　　　　　　图 3-8　Why Not Associates

图 3-9　Reflections

在艺术与设计领域中，运用逆向思维不仅可以帮助艺术家走出舒适区，探索未知领域，给艺术家带来新的问题解决的思路。逆向思维是一种从不同的角度、反向的方式来思考问题的方法。它能够帮助我们跳出传统思维的框架，以全新的视角去发现问题的本质和创新的解决方法。这一思维方式打破传统局限，对常规逻辑与常识提出质疑，启发艺术家们以崭新而不平凡的眼光来思考问题，由此开辟出一个崭新的艺术领域，并为创新提供可能。

实践中，艺术家与设计师可借助逆向思维来帮助其在考虑问题时跳脱出传统思维范式的束缚，进而提升自身创造力与创意。通过创设与已有情况相反的环境或假设，挖掘新的思考视角及解决方案，而这些新的解决方案可能就是他们寻求的突破口。

当艺术家们正在考虑怎样将他们的艺术作品呈现于城市公共空间时，他们可采取逆向思维，即若不能将作品呈现于公共空间，又该使用怎样的呈现方式？这是逆向的思维方式。通过逆向思维,艺术家可能会挖掘出一些创新的展示方式,如使用数字媒体、社交平台或者规划私人领域艺术活动。

从整体上看,逆向思维给艺术家与设计师带来了新的思考方式与问题解决方式,激发了艺术家的创造力,开拓了思维视野,为艺术创作与设计提供了指导。

逆向涂鸦(Reverse-Graffiti)(图3-10)是由艺术家保罗·柯蒂(Paul Curtis)(图3-11)发起的。他倡导艺术家们给墙体做减法,去除墙壁上的污渍、又厚又结实的灰尘,以及长期无人清理的青苔,最后脱落灰尘就能呈现独特的图案。通过逆向思维发现,其创作出的艺术图案并不是墙面加颜料而成,而是经仔细洗涤后逐步形成。该规划采用逆向思维,引起大家对于城市污染的重视。

图 3-10　逆向涂鸦

图 3-11　保罗·柯蒂

在创意思维实践过程中,尝试与试验是必不可少的环节,这些试验对艺术家与设计师们的创作过程都有着深刻的启示。从一开始的草图构想,到最后的成品呈现,无一不与创新意识的应用密不可分。只有勇于尝试创新的艺术表达方式,尝试从未涉猎过的材料和前沿技术,才有可能真正接触到全新的艺术表达。

这个过程并不是一朝一夕就能完成的,它是一个不断摸索,需要忍耐与坚持的过程。艺术家们在着手尝试设计时会面临种种挑战。艺术家与设计师们在不断的实践与试验中可能迸发出新的创意火花,探索让人惊奇的创新亮点与无限可能。从一开始的构思,到最后的设计成品,都要经过不断的尝试与试验。尝试与试验的意义不只是接受新东西,还包括对未知世界的探索,对失败的接受以及对成功乐趣的体验。

艺术家与设计师们的思维模式会在探索与实践中不断地被颠覆与再造,其创新思维也会不断地被锤炼与升级,进而促使其不断地走出舒适区,突破固有认知框架,向更深层次和更高创作领域探索。他们在艺术语言形式与素材上的探索与实践使得其艺术创作更富有个性化特征。他们通过实践探索解构与重塑自我,以创新思维来解决问题,发掘隐藏在日常生活之中的艺术性,使艺术作品具有更深层的内涵与价值。

水光涂鸦(Water Light Graffiti)(图 3-12)由艺术家安东尼·富尔诺(Antonin Fourneau)(图 3-13)创作,利用水感应技术和 LED 灯光打造城市墙壁可视化艺术作品。人们用喷雾瓶、指尖或任何潮湿的东西都可以直接在大型 LED 屏幕上书写和绘图,水与光的互动就能展现出绚丽的画面。作品在现实环境中运用传统绘画的抽象元素,并与现代高科技手段相结合,给大众带来新的观赏平台。这个项目鼓励受众主动参与,运用实验性艺术创作方式,营造独特的公共艺术体验。

图 3-12　水光涂鸦

续图 3-12

图 3-13 艺术家安东尼·富尔诺

　　创新思维就是以突破常规、超越界限、整合资源、创新变革、解决问题和发现机会为目的的思维模式。城市公共艺术是一个特殊的文化空间,它的创造和发展必须在这一思想指导下进行。在城市公共艺术实践过程中,通过创新思维方式能够识别并解决一系列兼具艺术性与社会性的难题,如怎样从新的角度和用语言去表现城市的特征与精神等,怎样用新颖的形式与手法去满足与引导大众的审美与感知,怎样用新的战略与机制去解决城市中的环境与设施问题,怎样用新项目、新品牌去推广、拓展公共艺术声誉与影响,怎样用新概念、新评估去实现、论证公共艺术功能与利益。

　　这种基于创造性思维的实践方式能破解城市公共艺术面临的困境与挑战,彰显其潜力与优势。在具体操作中,要有独到的想法。我们要用开放的态度、批评的目光、百折不挠的胆识、锲而不舍的毅力来正视公共艺术面临的问题。经过不断地探索和尝试，逐渐确立适合自己特点、符合自己规律的创作体系。在这一过程当中，要敢于质疑现有规则与常识，敢于向固有的制约与框架挑战，要善于发现与运用可能出现的资源与机会，要乐于接受与处理未知的危险与变革。

创造城市公共艺术需要发挥想象力与创新力，要不断地探索出新的表现形式与手法，发掘出新的题材与内容，探索出新的结构与空间，以及产生新的形象与符号来超越既有形式与手法的限制。城市是人类赖以生存和发展的地方，是富有精神内涵的有机整体。我们有必要对城市公共艺术做更加深入的研究与思考，让它不再只是一个装饰与符号，而成为一个城市的心灵与生命，成为大众沟通与分享的地方，成为人生的一种教育与启迪，也成为社会的一种批判与梦想。

价值工厂（图 3-14）位于深圳南山区，是在废弃工厂的基础上改建成的具有创意和艺术特色的公园。该项目围绕工业遗产这一主题，综合考虑当地丰富的历史、地理及人文资源等因素，在保持原有功能的前提下，重新设计，改造了一些建筑物。通过发挥想象力与创新力把废弃工厂区域改造成富有艺术气息的公共空间，让它散发无限生机与活力。这里陈列着许多艺术家们的作品，同时吸引着世界各地众多游客。价值工厂作为深圳最主要的艺术与创意中心之一，拥有众多展览空间与创意工作室，在承办各类艺术展览、文化活动等方面有着广阔的空间。

图 3-14　价值工厂

价值工厂作为文化与艺术的空间，不仅是人们举办各类艺术展览、表演、讲座及工作坊等活动的场所，也是荟萃文化、艺术与知识的宝库。许多不同种类的工作室，包括画廊、美术馆、博物馆和公共艺术馆等在此地建成。价值工厂经常组织艺术展览以展示本地及国际艺术家们的名作，其中包括但不仅限于绘画、摄影、雕塑和装置艺术等各种形式。价值工厂把现代材料运用到设计当中，把它们运用到建筑结构当中，成为新型建筑材料。除此之外，价值工厂还经常组织音乐会、戏剧表演、文学活动和其他文化活动，更给大众带来丰富多样的文化享受。

价值工厂非常重视社区的参与和社会责任，还对学生的专业实践有很大的帮助。价值工厂积极投身到地方社区发展与完善工作中，通过举办社区活动，提供义工服务，实施社会项目等多种手段对社区繁荣与发展起到积极的推动作用。价值工厂通过与学校、社区组织及非营利机构的密切协作，积极推动创意及艺术教育，借以启发青年的创新精神。

上海当代艺术博物馆(MoCA Shanghai)（图3-15）位于人民公园。残破不堪的建筑经过大规模的重建，现在已变成既具有现代感又具有实用性，专为展现优秀艺术家名作的场所，同时，它还是中国境内第一座现代艺术博物馆。

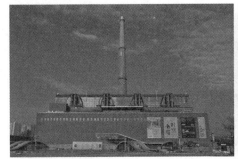

图 3-15　上海当代艺术博物馆

上海当代艺术博物馆每年举办多次展览，包括绘画、雕塑、摄影、装置艺术和影像艺术等，展览主旨是给观众带来丰富的艺术体验，同时探讨当代艺术的多样性与前沿性。上海当代艺术博物馆也十分在意社会公众的参与，它主张博物馆应该积极鼓励民众参与各类公共文化活动。为满足各年龄层的观众对艺术学习的多元需求，上海当代艺术博物馆多次组织艺术讲座、参观艺术工作坊以及儿童艺术教育项目等活动，让大众更加深刻地认识当代艺术。博物馆还与当地社区公益机构开展合作项目，促进当代艺术和社会发展的有机结合，继承和发扬文化遗产。博物馆与各方的交流与协作，使城市公共艺术在实践过程中不再单纯地依靠个人的天赋与努力，而更多的是借助专业团队与组织的汇集，协同大众参与与回馈，整合多学科知识与方法，汇聚社区思想与情怀。我们要加强城市公共艺术服务与管理，让城市公共艺术不再被看成是一项孤立的、昙花一现的工程。

广州大剧院(图 3-16)坐落于珠江新城核心区域，总建筑面积约为 73000 平方米，由曾经的普利兹克奖得主——建筑师扎哈·哈迪德(图 3-17)操刀设计，剧院的外观独特而富有创意，形似一艘巨大的白色飞船，给人以强烈的视觉冲击。

图 3-16　广州大剧院

图 3-17　扎哈·哈迪德

广州大剧院拥有主剧场、歌剧院及多功能剧场等演出场馆,可容纳不同规模、不同种类演艺活动,给观众带来全面演出体验。其中主剧场设置在中心区域,与周围建筑构成封闭的空间以满足各种功能的需要。主剧场可容纳1800人,是大型音乐会、舞蹈、戏剧演出的好去处。歌剧院为歌剧和音乐剧等艺术形式提供了1000个座位。多功能剧场布置与调整灵活性高,可针对不同需求个性化定制。

广州大剧院既是演艺场所,也是承载艺术交流与教育使命的文化殿堂。在这里,我们能够欣赏多种形式的艺术作品,领略不同民族的艺术风格,了解世界文化发展状况。剧院经常举行各种艺术活动,其中有音乐会、戏剧表演、舞蹈表演、艺术展览等等,这些活动吸引着海内外优秀艺术团体及艺术家前来参加,给观众以丰富多样的艺术感受。在这一过程中剧场布置的文化设施种类繁多,既有舞台美术的设计与制作,又有灯光照明与音响设备。另外,剧院也为年轻一代及喜爱艺术的人提供交流学习的舞台。

广州大剧院建成后对广州市文化发展、艺术产业繁荣产生了积极推动效应。作为广州市的艺术中心,不仅是市民、游客观赏、参加艺术活动之地,而且已成为这座城市必不可少的文化标志。大剧场不仅满足了人民群众娱乐休闲的需求,也承担着重要的公共教育职能,是衡量一个城市精神文明发展水平的标志之一。广州大剧院建筑设计可以说是现代建筑中的精品之作,它吸引着无数游人来此欣赏、留影,成为一道亮丽的景观。

西安大唐不夜城(图 3-18)是集商业设施、艺术装置、文化活动为一体的综合性文化旅游地点,吸引了众多游客前来体验。大唐不夜城以唐朝宫殿和建筑风格为设计灵感,整个景区占地约 65 万平方米,分为内城和外城。内城区域展示唐朝时期建筑风貌,包括皇宫、宫殿、庙宇,也还原唐朝时期街道及商业街区,展示历史风貌。外城是在现代商业理念引领下规划建设起来的旅游休闲场所。在这里,游客们可以沉浸在唐朝的兴盛文化氛围中。

图 3-18　西安大唐不夜城

大唐不夜城这一主题文化旅游景区以精彩纷呈的表演将唐朝历史文化展现在游客面前,给游客提供了深刻认识与欣赏唐朝文化的极好契机。在大唐不夜城里,参观者们可领略到精彩的唐朝文化表演,有大型舞剧《长恨歌》,有盛装游行,还有武术表演等,犹如穿越回唐朝繁荣昌盛的气氛。另外,景区还有美食街,游客可以品尝唐朝时期传统美食、特色小吃等。

大唐不夜城是一座以娱乐休闲、商贸交易、文化交流为主的综合性主题公园。这里不仅引起国内外游客关注,而且已成为西安市备受关注的旅游胜地,给地方旅游业繁荣与文化传承带来强大动力。

繁荣城市公共艺术离不开创意思维这一实践方法的强力助推。在全球化、信息化时代下,创意思维已经成为全新的设计理念与设计方式。它启发我们要向传统挑战,勇于探索和创新解决方案,寻求别出心裁而又具有深刻内涵的艺术创作。就城市公共艺术作品而言,创意思维是它的灵魂,城市公共艺术作品只有经过创新才会出现与以往不一样的作品。我们要用一种开放、多元、包容的心态去看待城市公共艺术,促进城市公共艺术向更高、更广、更深的层次发展,从而丰富城市生活。

3.3　创意思维在艺术创作中的应用

创意思维对艺术创作起着关键作用,其可以激发创作者灵感与创意,促进艺术创新与进步。创意思维在艺术创作中的运用体现在以下方面。

(1)探索新的媒介和材料。

数字技术这一崭新的艺术手段给当代艺术注入了很多新鲜元素,既与传统艺术有密不可分的关系,也有彼此独立存在的两个方面。艺术家在数字艺术创作过程中利用数字工具把传统艺术形式纳入生机勃勃、互动性强的数字环境之中,不仅给艺术作品带来了新鲜活力,也给观众一种有别于传统艺术的新感觉。

一些艺术家擅长把世人所忽略的废弃物变成有生命、有内涵的艺术品。从这些艺术作品中可以窥见艺术家们对于废弃物品再利用的探索之路。这既是对环境保护理念的积极回应，也是艺术家们对日常生活中琐碎事物的深入观察和理解。

这些媒介与材料上的革新，在丰富艺术表现形式的同时，也给艺术创作带来无限可能，显示出艺术家的创新思维与无穷的探索精神。

(2)逆向思维。

艺术家在进行艺术创作时，往往会利用逆向思维这一手法来对传统艺术观念与创作方法进行挑战。他们认为艺术作品不是纯物质产品。他们坚信一件艺术品的产生不只取决于传统画布、雕塑等介质，还要求有更为广阔的艺术表现形式。他们愿意在日常生活中得到启发，利用各种不同寻常的材料来从事艺术创作。他们认为材料不过是工具，前提是能够使其更具表现力。他们手里的陶瓷碎片、木头以及城市垃圾都可能被转化成别出心裁的艺术素材。这种颠覆性逆向思维给艺术创作带来了新的视角与无限可能，给艺术创作注入了空前的生命力。它突破了传统艺术形式固有的认知，使人可以从另一个视角去理解与鉴赏艺术作品，从而使其获得生命。将逆向思维应用于艺术创作，能让艺术家更深刻地认识事物间的相互联系和影响，并能从另一个视角来诠释作品。

(3)交叉学科的应用。

艺术家在进行创作时，往往不受学科的局限，可以从其他门类学科汲取灵感。艺术作品之所以具有深度，不仅仅是其学科内部的探索与革新，也因为科学、历史、哲学等学科在艺术上的应用，使艺术作品有了更加丰富的意义。

水立方(图3-19)是中国首都北京一个跨学科应用、价值很高的经典案例。水立方外墙由透明薄膜材料四氟乙烯制成，整体形如一块晶莹剔透的冰块。该薄膜材料保温性能好，能有效降低能耗。同时，由于自身的绝水性，可利用雨水自清洁，是一种极为优秀的环保材料。水立方既可作体育场举办各类游泳比赛，也可作展览中心举办各类文化活动。它是由两根直径不等、互相独立的圆柱组成，一根是球的一部分，一根圆柱连接着水。该设计团队运用建筑学、材料科学和流体力学等多学科理论，成功地建造出一种外形类似气泡的奇妙结构。

一些艺术家在进行艺术作品创作时会利用科学理论与技巧来保证艺术作品的科学性。例如，利用物理学中的原理来创作别出心裁的动态雕塑；利用生物技术创作有生命力的生物艺术作品。

图 3-19　北京的水立方

　　位于成都IFS商场外的一座公共艺术装置,名为成都IFS大熊猫雕塑(图 3-20),艺术家将生物学、环境学和艺术创作巧妙地融合在一起,通过憨态可掬的熊猫形象引发了大家对于生物与环境保护的极大兴趣。

图 3-20　成都 IFS 大熊猫雕塑

　　在深圳华侨城创意文化园(图 3-21)中,艺术家通过对设计、艺术、科技和人文等多学科领域的交叉融合,创造了一系列创新性公共艺术作品,其中包括但不仅限于互动装置和环保艺术。

图 3-21　深圳华侨城创意文化园

交叉学科的运用无疑给艺术创作带来了更多的工具与内容,进而促进艺术作品的创新,拉近艺术与现代社会生活与发展的距离。

(4)提炼和抽象。

就艺术创作而言,创意思维让艺术家从纷繁复杂的日常生活中抽象出具有深层意义的内容。艺术家在直觉的帮助下观察、分析、评判和思考事物,最后形成创作思路进而创作艺术作品。艺术家可以通过对复杂现象深刻的洞察与细腻的推敲,把它们变成一系列基本元素或者象征,利用抽象的手法把它们变成特有的艺术形象。

艺术家能从身边自然环境中撷取某种基本形式与颜色,再通过抽象的表达方式创作出表现自然精神的艺术佳作。艺术家也能够对所创作的作品进行再加工使之更具个性化特征。

艺术家要有很强的洞察力、想象力与思考力才能有提炼与抽象过程。艺术家们在进行创作时,往往会通过艺术的语言来表现他们对于自然、社会以及人本身的想法。通过这一提炼与抽象的手法,画家可以创作出具有象征意义与深层含义的作品,而且还能使艺术作品获得更强的视觉冲击力与表达力,进而更好地引发受众的思考与共鸣。

(5)创新表现方式。

传统艺术形式与表现方式无法适应大众的需要,艺术家一直在探索着革新的可能。艺术家力图以其特有的眼光看待事物,找出其背后所隐藏的法则,从而为艺术创作探索新的思路。他们不畏艰险、越界而行、向常规挑战,不断探索新的艺术领域与表现手段。在数字化时代的今天,数字媒体艺术已成为当代艺术不可或缺的一个重要部分,并且逐步发展成为一门集各种技术于一体的综合性新学科。混合现实艺术把虚拟世界和真实世界有机地结合在一起,给受众带来新的艺术体验——借助虚拟现实头盔或者增强现实手机这些特殊装备使受众身临其境,体验空前的艺术魅力。

互动艺术就是将艺术创作过程面向大众,让受众直接参与到艺术创作中去,或以互动的形式对艺术作品的表现形式与内容产生影响,进而推动艺术创作向前发展。互动艺术最大的特征是以参与人为核心,其不再以信息的单向传递为目的,而成为以互动为目的的双向交流。

艺术家的创新探索在丰富艺术表现形式与内涵的同时,给受众带来更多元的艺术体验,使艺术作品更接近于生活、更接近于人心。艺术家在对艺术进行探索与追求的同时,将创新思维巧妙应用其中,表现出对艺术无限的喜爱与创新,显示出其生命力与创造力。

(6)故事讲述。

讲好故事是艺术创作的关键。艺术创作中,艺术家经常运用讲故事的手法创造一个特定情景,使观众透过这种特殊情景来体会作品的题材和内涵。通过运用新颖的故事叙述,艺术家们能够得到更有力的手段来传递自己的见解,分享自己的想法,揭示人性的深层意义。艺术作品中的故事与情感表达既可诉诸静态的画面、声音与文字,也可诉诸动态的图像。

上海外滩的雕塑群展现了中国近现代历史的真实写照(图3-22)。这里名人雕像众多,以它特有的艺术魅力,吸引了每位游客。陈毅雕像(图3-23)就是其中较著名的一尊,生动地表现了革命领袖的形象,使人深切地感受到他在历史上所作出的卓越贡献。

图3-22 上海外滩的雕塑群

图 3-23　陈毅塑像

有些艺术家采用非线性故事结构从多种角度、多种次序来引导受众去理解、体会故事，使传统故事叙述方式被颠覆，艺术作品更加复杂多样。有些艺术家利用互动技术把受众纳入艺术作品创作与演绎之中，以此来加强受众的参与与共鸣，并使之在故事情节中占据重要地位。

这些别出心裁的故事叙述方式，不但可以丰富艺术作品表达方式、增强作品吸引力与影响力，而且还能帮助艺术家更有效地传达自己的想法与感受，引发受众思考与共鸣，进而让艺术作品具有更深刻的意义。

(7)概念性思维。

概念性思维对艺术创作过程起着不可缺少的作用。它能把艺术由单纯的形态变成另外一种更深层的内涵。艺术家追求的并不只是表面上的美好，他们对各种可能涉及人性多重面貌的复杂题材与观念进行深度思考。在这个过程中艺术家要敢于尝试、敢于创新、不断地探索与锤炼，只有这样才能寻找到最合适的艺术形式与表现手法，才能用准确、鲜活的手法来传递自己的想法与感情。所以对艺术家来说，最为重要的是要有独到的观察能力，它是艺术家思维活动之源。只有拥有敏锐洞察力、深刻思考力、丰富想象力的人，才能把这些抽象概念、题材变成可以打动人心灵的艺术作品。

从整体上看，创意思维促使艺术家不断地探索新表现形式、革新艺术形式、深化艺术主题来传达自己的观念与心声。

深入实践、创新思维，是城市公共艺术得以顺利创造与展现的必备条件。笔者通过论述当代公共艺术人和环境的关系及设计理念，提出以创新思维为基础进行公共艺术设计的理念与方法。创新思维作为颠覆传统、突破束缚的思维范式启发我们以新的、多元化的视角去考察问题并引发新的思考与探索。

杜尚的《泉》(图 3-24)是 20 世纪美术史上划时代的杰作,它突出地体现了创造性思维在艺术创作中的应用。在这个创作过程中艺术家们把灵感注入了他们的生活,以一种独特的眼光来看待这个世界和生活。1917 年,杜尚(图 3-25)以 R.Mutt 的匿名名义,在一座倒置的陶瓷小便池上签字,提交以独立展览组织参展。在此之前,人们对该设备已产生过不少争议,而最为热烈的意见则是认为它是一种与美学原则不符的作品。这一作品向当时传统的艺术定义与审美观念提出质疑,引起广泛争论与探讨,也使之得到重新审视。

杜尚利用小便池这一日常生活常见器物作为媒介,巧妙融入艺术展览场所之中,使传统艺术在观念与审美上的局限得以打破。他从其特有的角度出发,运用最质朴、最天然的素材来制作艺术作品,开创了新的艺术境界。他用最简单而普通的器物向艺术的界定提出质疑,并引起对艺术本质和艺术界限的反思。在他看来,艺术应是对生活本身的再现和模仿,不应停留在某一种形式上,艺术家要在日常生活中寻找灵感来塑造一个全新的艺术形象。这一革新性思维推翻了传统艺术观念,使日常生活物品变成艺术品,从而引起人们对于艺术的再审视与深度探究。

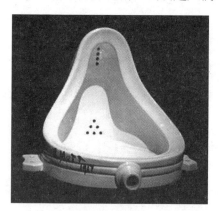

图 3-24　《泉》

图 3-25　杜尚

杜尚将日常生活中的普通物品视为艺术作品,由此产生了向艺术领域寻求新可能性的反美学创作趋向。传统观念认为艺术是有美感、有独创性、有审美价值的,但杜尚把每天都要用到的东西变成艺术品,推翻了传统艺术观念。这种反思性艺术创作方式使艺术作品无论在形式上还是在内容上都产生了深刻的变革,使其具有了全新的内涵与生命力。这一逆向思维的运用,迫使受众对自己关于艺术的界定与价值标准进行重新审视与追问，并由此引发深刻反思与追问。

杜尚的用意并不只是创造艺术作品自身，而是要通过它来引起社会对审美观念的讨论，对传统艺术中的权威与规范提出质疑。其作品充斥着浓厚的主观情绪、对形式自由的追求、对固定模式秩序化表现的反对以及对自身与现实融合的超验感等。杜尚以他激进的态度与富有挑战性的行动而成为现代艺术中一个重要的开拓者与代表，这一点是不容置疑的。

班克西(Banksy)（图 3-26）是一位艺术家，他的作品以涂鸦的形式出现在街头墙上，他的作品颠覆了传统的公共空间绘画语言，反映了现代艺术的概念。他独特的风格使他在艺术史上享有极高的地位。班克西的绘画作品（图 3-27）以社会和政治评论为主题，通过细腻的画面和文字的组合，传达出深刻的社会观念和具有讽刺意味的信息。

图 3-26　班克西

图 3-27　班克西的涂鸦作品

班克西的艺术创作富于幽默性与讽刺感。他通过把日常生活的情景与社会问题结合起来,创作了一批耐人寻味的艺术杰作。他以崭新的姿态展现了社会问题与人的生存状态,实现了对人命运的深刻反思。其创作运用讽刺和幽默的形象与文字,表达对现实问题的关注。其创新思维唤起受众对于社会与政治议题的再检视以及对于不同视角与立场的深刻反思。

他擅长运用夸张的手法把事物置放在非比寻常的情境中,让它有特殊的含义,使观众能够反思现实世界。班克西凭借这种独特的手法在艺术界奠定了地位。

他经常把自己的作品放在公共领域中以便与城市景观相融合。在这种环境中,人能够自由观赏、探讨作品,并通过多种媒介发表自己的意见。受众在这个过程中不断自我表达与反思,通过自己的行动对作品施加影响,而非被动接受创作主体所提出的想法。这种交互与参与使受众被纳入作品构成之中,其对于作品的解读与看法也成为艺术创作中必不可少的一部分。班克西的作品唤起受众对社会问题的反思与参与,进而促进社会变革与意识觉醒。

布伦柱(图3-28)是一个公共艺术项目的实际案例,展示了创意思维在巴黎的独特应用。这是一件几何形状、装饰图案丰富的雕塑作品。法国艺术家丹尼尔·布伦(Daniel Buren)于1986年在巴黎皇宫的院子里构思和执行了这一计划。

图3-28 布伦柱

该艺术作品由260根高低不同的黑白立柱组成,呈现出棋盘格的独特视觉效果。这些线是由黑、白两色组成的。在丹尼尔·布伦设计时,这些黑白条纹作为标志性元素被广泛应用到其他作品。该作品使用黑色与白色,通过简洁多变的线条反映色彩间的关系及其各自代表的含义。这一艺术杰作在设计上简洁又不失细腻，包含了很强的视觉冲击。

布伦柱是对传统公共雕塑设计原则的颠覆，以简约的造型、强烈的反差营造了独特的视觉效果。它并不只是抽象和表现力丰富的艺术装置，而是变成了一种特定的表达方式，把人们的想法用材料、技术等传递给观赏者。另外，该作品与周围事物互动，产生一种吸引人的互动体验，使受众能够多角度、多距离感地欣赏这部作品，进而获得视觉、空间上的多样化感受。

有人认为布伦柱与传统公共艺术定义不符，因其缺乏清晰的主题意义或象征意义而可能给公共艺术带来负面影响。但它别出心裁的设计与形式却成功吸引了众多受众，成为巴黎备受关注的名胜。

就城市公共艺术创作而言，很多实例都充分显示出创新思维的意义，而这一思维方式对创作过程起着必不可少的作用。在创新思维驱动下，艺术家能够超越传统边界，探寻全新的表现方式与题材，进而赋予公共艺术更加丰富的意义，促进公共艺术社会价值的实现。

在如今全球化背景下，城市公共艺术已经成为重要文化媒介，既展示着城市历史文化又显示着创新活力。城市公共艺术作品是一种独特且充满生命力的视觉语言符号，它既承载了城市形象及地域特色，又能体现城市中人们对于生活质量及生活品质的追求，有着鲜明的时代气息及人文关怀。以创新思维为先导是城市公共艺术得以不断进步，更好地为社会服务和满足大众精神需求所必须具备的条件，而这一载体能通过不断创新来孕育。

就城市公共艺术而言，创新思维就像一盏灯，点亮艺术创作之路，指引着艺术家向更广阔的艺术殿堂迈进。在这富于变化和生机的世界中，艺术家敏锐捕捉着时代脉搏，对某些传统艺术观念与表现方式进行了大胆挑战与颠覆，并由此创造出一种崭新的艺术语言与形态。

艺术家已不满足于传统艺术媒介，他们对数字技术、虚拟现实以及互动装置等前沿科技手段进行了大胆的探索与运用，推动了科技与艺术深度融合，打造了富有新意的艺术作品，这些作品凭借震撼人心的艺术效果让观赏者叹为观止。

艺术家以其敏锐的洞察力聚焦社会议题与城市问题，并以艺术的形式融入公共话语中，引起公众的广泛思考，是值得格外重视的。与此同时，艺术家凭借敏锐、独特的见解，能发现和分析一些新的现象、新的问题，从而发现新的材料或产生独特的灵感。他们用巧妙的艺术技巧提炼问题的实质，并通过艺术作品激发观众的灵感，指导观众进行深入的思考乃至采取行动来解决现存的问题。这就使公共空间的建构不再停留在对形式的简单模仿与再现,而更多关注隐藏在作品背后的人文思想和人文精神。

城市公共艺术创新实践需要深入洞察并充分满足大众精神需求。伴随着科技和时代的发展,人们更加关注精神层面上的要求,艺术成为其中一种最为直接和高效的方式。艺术作为一种非常强大而独特的文化语言可以直达人的心灵深处,引发和刺激情感共鸣。艺术家从创新思维的角度出发,既从物质形式中寻找全新的艺术表现,又从精神内涵中寻求理念的突破与深化,目的在于创作出能打动人心,引起深度思考与情感共鸣的优秀作品。

艺术家们通过其作品的创作与传播,实现了对现实问题的思考和批判,进而形成了艺术话语体系,影响了大众对其身份认同及文化选择等问题的评判。在这一进程中,艺术作品既承载艺术家们的创意,也是大众思考、对话和互动的舞台,刺激大众关注社会议题,甚至促使其主动参与社会变革行为。

创新城市公共艺术已不仅仅是城市空间的一种点缀或者象征,它更是一种情感触发点、思维引导者、行动催化剂,并通过艺术家同大众进行互动交流,共同形塑并影响着社会价值的实现,给城市带来了新鲜的生机与意义。

在促进城市公共艺术可持续发展的进程中,创新思维发挥着必不可少的关键作用。作为一种崭新的文化形态与生活方式,具有开放性、创新性与互动性。这一创新之力不仅仅是在艺术形式与内涵上的深度开掘,更是在环保与可持续性上孜孜不倦的追求与践行。近些年来,国内有更多的艺术家关注与投入环境问题研究中,用自己的行动去参与与回应环境保护事业。在整个公共艺术创作过程中,艺术家不断地探索艺术创作新途径,尝试使用更环保的材料,从而主动地融入环保理念之中。他们为了避免过度依赖自然资源,开始把目光转向可再生资源,包括城市垃圾。用这些素材创造出来的艺术品,既美观又环保。他们也关注艺术作品长期的养护,减少因为经常更换艺术作品素材而造成的浪费。

Washed Ashore 是美国一个非营利性组织。这个组织收集了大量的海滩垃圾,做出来许多外形像海洋生物的艺术品(图3-29),引起大众对于海洋废物生成和动物保护的深刻思考。

托马斯·丹博(Thomas Dambo)是丹麦艺术家,他运用废材料创造出备受关注的"被遗忘的巨人"(图3-30)公共艺术项目。该作品以大型巨型雕塑系列为载体,展现了人与自然和谐共存的主题。丹博及其研究小组利用托盘、建筑废物以及破旧树木等废弃物精心打造出神秘莫测的巨型雕塑并巧妙藏于丹麦自然公园内，带领人们探索并享受自然之美。

图 3-29　角嘴海雀

图 3-30　被遗忘的巨人

在科学技术不断进步的今天,城市公共艺术已超越传统雕塑与壁画而涉及数字艺术、虚拟艺术、声音艺术等诸多崭新艺术形式。这些新出现的艺术形式,从某种程度上说,丰富着人们的精神生活和适应着现代社会不同群体的需要。这些新出现的艺术形式在创新思维中显示出其特有的魅力,它把艺术和科技完美地结合在一起,使艺术创作展现出更多样的风貌,同时,为大众接触艺术、了解艺术提供更多便利。

第四章

城市公共艺术的创意实践：艺术家视角

4.1 创新的艺术表达

在进行城市公共艺术创作时,具有创新性的艺术表达方式是非常关键的手段,这些手段不但能够增强艺术作品的感染力与影响力,还有利于促进大众对于艺术的认知与了解。艺术家视角的城市公共艺术创作主要是从一个独特的视角考察城市历史文化内涵和城市发展中面临的问题。从艺术家视角看,创新艺术表达并不是单纯为创新而创新,它建立于对传统文化的深刻认识与尊重之上,针对当下社会环境与公众需求探索并尝试新的艺术表达方式。

对艺术家来说,富有新意的艺术表达是需要持续观察、思考与实践的,这一过程是长期的。在这一探索过程中,艺术家既需要具有坚实的理论功底、丰富的创作经验,又需要具有丰富的想象力、创造力。唯有具备开阔的思维和广博的知识视野,艺术家方能在众多艺术表达方式中找到最贴合其创作理念的那一种。

数字艺术、环保艺术、社会艺术等诸多领域中创新的艺术表达方式都来自艺术家们对于社会现象进行的观察与思考,并从中得到启发。在互联网时代,信息技术成为人们日常生活中不可或缺的组成部分。数字技术已经成为众多艺术家在艺术作品创作中的新潮流,它们将传统艺术元素与现代科技结合在一起,既吸引着更多大众的参与,又给艺术家们带来了新的空间。

城市公共艺术创作中艺术家表现出来的交流与协作能力,是一个必不可少的重要技能。现代社会公共艺术是个复杂体系。这些技能可以帮助艺术家们更加深刻地了解并满足大众的要求,进而让作品更具共鸣与影响。良好的交流与协作,有利于提升城市公共艺术表现力。通过艺术家同其他艺术家之间的协同作用,能够激发出创新与创造,进而赋予公共艺术作品更多可能。信息时代对于城市公共艺术设计有着全新的需求,城市公共艺术要想发展进步,就要求艺术家要不断地提高交流与协作的能力,并主动地与社会、大众等艺术家进行交流与协作。

要了解社区及公众的需要和期待，关键是要与社区及公众进行有效交流。就艺术创作而言，艺术团体与个人均需诉诸媒体宣传，并将作品传播给大众，社区亦期望拥有公共空间以分享其对于艺术的意见与观点。艺术家可通过举办座谈会或进行问卷调查等各种途径与社区居民互动，主动收集居民的意见，进而推动艺术创作。社区还可以利用媒体平台向艺术家们传达意见，从而实现促进相互联系。艺术家们通过这一双向交流，能够深刻认识社区的特点、文化背景与需要，使这些要素能够在艺术创作过程中有机整合。艺术家可通过主动参与社区组织的活动与社区建立较密切的联结，以期能较好地体现社区的需求，进而增进作品的艺术性与社会价值。

就公共艺术创作而言，除有效地沟通社区及公众外，艺术家间的密切协作也是必不可少的环节。参加艺术家驻留项目、工作坊及展览是艺术家同其他艺术家之间交流合作的一种方式。艺术家之间的合作，包括在作品风格、主题内容、表现形式等方面进行共同的思考，并互相启发、互相支持。通过这样一种协作方式，艺术家可以在灵感与创造力的撞击与沟通中，爆发出无穷的想法。艺术家也可以通过多种平台，共享自己的创作成果。在与其他艺术家的合作中，艺术家可以开阔自己的艺术视野，使自己的作品呈现更多元化、更多姿多彩的风貌。

城市公共艺术创作需要同社区、公众及其他艺术家之间建立密切的交往与合作，而不仅仅是个体行为。艺术家在进行艺术创作时，只有把所学的知识和技能有机地结合起来，才能取得辉煌的成就。所以，艺术家在进行创作时，一定要有精湛的交际技巧与协作能力，这样不仅可以帮助艺术家们更好地了解并满足大众的需求，还能给艺术家们带来更大的灵感。

大众对于创新艺术表达并非都能全盘接受与了解，艺术家们要有充分的耐心与自信，时刻坚守艺术理念并不断摸索与改进。艺术创造之所以能取得成功，是因为在艺术创作过程中艺术家们能够虚心地接受大众的批评与意见，并将其作为一种启发与引导来不断地提高自己的创造水平。

在城市公共艺术创作中，艺术家们寻求艺术表达的创新性，其目的是与大众进行更好的互动、对社会现象进行更加准确的反映、对人性以及社会议题进行更加深刻的讨论。公共艺术为了实现自身的职能与功能，需要面向大众，通过与大众互动转变大众生活方式，进而改善人类生存环境，推动人类发展。在这一过程中艺术家们需要用开放而富有新意的思想来引导，并与大众一起创作既有艺术价值又能引起大众思考与共鸣的艺术杰作。

　　创新的艺术表达就像一种语言，它给艺术家们提供了独特的叙事方式，让艺术家们可以把艺术作品作为载体来讲述他们的故事、感情和思想。艺术家们通过使用各种语言向观赏者传递自己的作品，让观赏者更深刻地了解这件艺术作品。要想真正做到有效的交流，就必须将艺术家的独特视角及个人特色融入艺术作品中，还要符合大众的生活经验及文化背景。艺术家创作时所运用的表达方式也是由其对于作品的内容与形式的掌握决定的。所以艺术家一定要深刻洞察并理解观众，这样才能更好地满足观众的需要与期待，才能达到更准确的艺术表现。

　　要做到艺术上的创新表现，艺术家就要勇于向传统与规则挑战，大胆探索与冒险、不畏艰险。城市公共艺术作为人类社会发展进程中的重要内容之一，如何反映资源稀缺、环境污染等社会问题，是艺术家面临的挑战。这些挑战影响着艺术家在作品形式、内容等方面的创作取舍，从而造成艺术作品风格各异。唯有敢于迎接这些艰难险阻，方能孕育出真正具有创新性和独特性的艺术杰作。

　　艺术家要不断地关注社会的发展变化，密切注视大众的需要与期待，并在此基础上从事艺术创作。城市公共艺术是时下人们关注的热点，而且这个主题会随时代、文化的前进而不断丰富、扩展。城市公共艺术所具有的价值不只体现在它自身的艺术性上，还体现在它为市民服务、改善城市文化氛围和改善市民生活质量等任务上。它需要艺术家们具有很强的责任感和使命感，能主动把他们熟知的地方文化融入创作当中。因此艺术家要以一种开放的创造性态度不断关注并回应社会变革，用艺术积极参与社会发展。

　　对城市公共艺术创作与发展来说，富有新意的艺术表达才是最关键的工作，才能给城市公共艺术带来生机与活力。城市公共艺术就是为了满足人的精神文化需求，用某种手段和途径去反映实际生活中出现的各种社会现象并主动加以记录、整理和研究的艺术。这种艺术形式既能提高作品审美价值又能调动大众参与艺术创作与鉴赏的积极性，进而改善城市文化氛围与大众生活品质。在这一过程中要重视培养大众的审美能力，从多方面提升人的鉴赏力与创造力。它能把艺术从巍峨耸立的象牙塔里解脱出来，使更多人接触到，认识到并欣赏到艺术之美，使城市公共艺术真正地融入公众生活的各个方面。

　　艺术表现手法的创新在于它对社会现实的反映，这一点是不容忽视的。随着时代的发展、科技的进步，艺术同社会的关系越来越密切。艺术家们带着敏锐的洞察力把社会现象、人类的感受及对这个世界的深刻反思融进自己的创作之中，用艺术的形式引起大众的反思与讨论。艺术表达应紧跟时代步伐，由传统向现代、由单一向多元、由封闭向开放。这种创造性艺术表达既是一种艺术创新，也是一种社会创新，更是人类文明进步的动力源泉。

艺术家们在艺术表达方式上不断创新，发挥着敏锐的洞察力感知社会现象，深刻地思考艺术的表达方式。他们以作品为基础深入观察社会。他们从独特的角度捕捉和展现社会变革、社会矛盾与社会挑战的全貌。在艺术这一中介下，艺术家可以引起大众对社会现实的重视与思考，并引发人们对道德、伦理与社会公益话题的深入讨论，由此促进社会思想不断进步，价值观全面转变。

艺术的创新表达既是艺术形式上的革新，也是社会文化上的深入探究。艺术创作要求重视现实问题和解决实际问题，社会发展离不开艺术支撑，两者相互补充和促进。艺术家们用自己特有的艺术表达方式来引起大众对于社会问题的重视与思考。当代艺术作品已不满足于其作为艺术品自身的审美价值，而是表现为精神载体给公众带来了积极的影响。艺术作品作为大众与艺术家之间的一座桥梁，它给社会带来新的思考和角度，促进着社会变迁和文化进步。

艺术表达上的创新是社会前进的一个重要动力。创新表达这一精神现象具有跨越时代和民族界限、与时俱进等特点。艺术的创新表达通过唤起公众的意识，引起公众的共鸣，引发公众的思考，并通过公众的反应和讨论，进一步推动社会对问题的关注，具有显著的效果。艺术家们的创新表达既能够使公众意识到其生存的价值所在，也能够对社会整体舆论产生一定的影响。艺术家们创造性的表现给社会提供了新的角度与可能，使艺术在人类文明进步中占有不可缺少的地位。城市公共艺术作为当今时代一种特殊的文化符号和精神力量，在促进人的全面发展方面发挥着不可替代的重要作用。所以，必须重视和积极支持艺术家们创造性的表现，给艺术家们搭建展示与发声的舞台，从而推动社会不断地进步与发展。

就城市公共艺术而言，其创新艺术表现是集艺术、社会、科技与人性诸多要素于一体的复杂过程。它不单纯是把艺术作品展现给公众，更重要的是让艺术作品成为有独特魅力、有价值的文化现象或者象征，与民众生活方式发生关联，继而达到塑造人类精神的效果。艺术家创新思维与创新能力缺一不可，与此同时社会与大众对他们的了解、接受与支持更是一个不可缺少的要素。在目前看来，这一创造性实践活动还不是很容易做到。在任何时候，这一进程都是令人期待与崇敬的，因为这既是一个创造美的过程，也是人类社会不断前进的一个重要动力。

4.2　实践中的挑战与解决方案

在践行城市公共艺术之时,艺术家往往会面临来自诸多方面的质疑与考验。这些要求包括新材料、新工艺,如何使设计结合当地的生活等。这些挑战涉及技术、经济、文化及社会等各个领域。在这一复杂体系下,艺术和商业怎样成功融合?尽管具有极高的挑战性,艺术家们在许多场合下都能够通过他们的创新和不屈不挠的精神,寻找到切实可行的解决方案。

面对技术挑战,艺术家需不断吸取新知识、积累实践经验或积极争取和其他方面专业人士一起探索技术难点的解决之道。部分艺术家开始试图借助数字科技表达他们对于社会、文化以及其他领域的观点,借此找到解决技术问题的办法。艺术家在解决技术问题时能够得到新的角度与启发,会给自己的艺术创作添彩不少。在当代艺术里,艺术家往往把他们关心的主题放在如何解决技术问题上面,而不是技术本身。其实艺术家在寻求全新的艺术表达方式与创新机会的同时,也必须正视技术问题对其产生的重大挑战,而技术问题也是其动力之源。艺术家通过在不同的阶段运用不同的方法来处理技术问题,以达到更好地抒发情感与思想的目的。艺术家的胆识与恒心表现于对技术问题的攻克与调适上,其执着与付出不但能创作出令人叹为观止的艺术作品,也给公共艺术创作带来更大的可能与生机。

公共艺术面临的一个难题是经济来源。艺术创作本身就是一种需要投入大量经费的行为,公共艺术的大规模决定了它需要更大的经济支撑。许多艺术家们一开始都是单打独斗,需要付出大量的金钱才可以组建属于自己的优秀团队。艺术家们为了达到目的,往往会采取各种拉赞助的方法,比如政府援助或者是和商业机构进行合作。

艺术家们在践行公共艺术时不得不面对来自文化与社会问题的挑战。城市公共艺术创作,应充分考虑公众对文化多样性的需求。艺术家在进行创作时,一定要充分考虑不同文化传统与价值的多样性，对其采取尊重与宽容的态度，还要注重与公众交流互动。鉴于公众的需要与期待，以及公共艺术可能会给社区生活造成的影响，艺术家不得不将所有因素结合起来。另外，艺术家也必须注意到在其作品背后反映出来的社会意义。艺术家们必须要有很高的社会责任感以及敏锐的洞察力来迎接文化与社会问题所带来的挑战。由于从事公共领域的艺术创作，常常遭到公众的异议或怀疑，艺术家往往会通过与社会大众互动合作、深入了解社会、主动参与等方式来化解上述困境。所以在公共艺术创作中必须充分考虑大众的要求与期望。公共艺术创作既是个体的艺术表现，也是文化多元性的表现，它要求尊重与宽容多种文化传统与价值。公共艺术应是有责任、有使命感，能对推动人类共同发展起着决定性作用的活动。鉴于大众的要求与期待，公共艺术作品这种社会参与的艺术形式在社区生活中可能产生的影响有待全面认知与了解。

艺术家要有很强的社会责任感与敏锐的感知能力，在了解与传递艺术理念的前提下，对社区需求与变革进行深度关注，这是非常有挑战性的工作。艺术家应该把自己放置在社区中，并通过同当地居民及其他相关群体的互动沟通来理解他们对于艺术作品的不同观点和看法。在这个进程中，大众的参与与反馈已经成为一种必不可少的资源并给整个进程带来巨大推动力。艺术家与大众进行交流，以达到自己在作品内容和表现形式上的调适等等。艺术家们能够从大众的意见与回馈中得到启发，从更深的角度去了解社会的诉求，进而创造出有更多社会价值与影响的公共艺术作品。

艺术家只有主动参与到社区生活中去，并与当地居民产生密切联系，才能对居民生活方式及价值观有深刻认识，进而对社区文化及社会现象有更加全面的认识。另外，小区丰富的物质资源与精神需求也是艺术家参与小区建设、从事各项活动的依据。通过这一做法，艺术家们既可以解决文化与社会问题，又可以提高自己艺术创作与社会服务的能力，使公共艺术成为社区生活中的一个有机部分，以加强公共艺术在社区发展中的推动作用。

从整体上看，虽然城市公共艺术在实践过程中遇到了诸多挑战，但是艺术家以其创新思维与百折不挠的毅力总能寻找到可行的解决方法。面对经济来源问题，艺术家和公共项目负责人总会找到新的方案来解决。许多负责人在自己的艺术领域有一定的地位，可以寻找艺术基金会或者是政府申请赞助，或者是和当地需要发展旅游业的居民共同携手。面对技术问题，艺术家们会不断学习新知识，丰富自己的技术储备。面对文化传承问题，他们坚持保护传统文化，致力于让传统文化和优秀民间艺术落地生根。城市公共艺术作品创作者与实践者们一直在尝试打破传统观念的禁锢，不断寻求新的可能，以达到创新的目的。这种创新不仅表现在其艺术创作之中，也表现在其处理问题与解决问题所特有的技巧之中。这类艺术家是善于思考的实践者，能在认识问题的基础上，在生活中寻求解决问题的计划或途径。他们用自己的创新思维不断地探索与尝试着多种策略与方法来克服在实践中碰到的种种困难与阻碍。

艺术家主动探索前沿技术与手段，并融入艺术创作中，给受众以新的艺术感受。与此同时，他们也不断探索新媒介形式，运用新媒体平台开展创作，积极拓展商业领域，让艺术作品更加广泛传播。另外，他们还愿意与其他领域专业人士一起工作，在团队帮助下，集各方面专业知识、技能于一身，攻克技术难点，促进艺术创新。经济危机中艺术市场受到很大影响，艺术市场低迷对于艺术家们来说无疑是一种噩耗。艺术家的创新能力在经济层面受到挑战，这将是对其创造力的检验。艺术家在进行创作时常常会碰到种种难题，同时他们可以从多种角度寻求解决方法，从而让作品更有魅力。他们利用各种方式获得资助，其中包括申请各种艺术基金，争取企业赞助乃至利用现代众筹平台融资等。另外，他们以以文养文的方式吸引大众参与文化活动，鼓励人们参与创作，向社会大众进行传播。这些战略在为其解决经济难题、确保艺术项目畅通无阻地开展时，还表现出其对于公共艺术的热情与投入，唤起大众对于艺术的喜爱与拥护。与此同时，他们也在社会中树立了良好的品牌形象，推动了公共文化事业发展。在积极态度与不断创新精神下，艺术家成功应对科技与经济挑战，进而促进公共艺术繁荣发展，给城市与社区带去丰富多彩的艺术风貌。

面对经济挑战，艺术家积极寻求多元化资金来源来保证其艺术项目的成功执行。艺术家们在海外工作时通过多种方式获得经费以协助他们的创作。他们在积极寻求政府与机构资助与扶持的同时，积极参加各类艺术竞赛以获得艺术基金支持。艺术家在传统艺术领域有所建树的同时也把眼光转向商业投资。艺术家为了获得艺术需要的经济支持而主动和商家进行合作并探讨赞助，这是艺术家不遗余力追求的目标。艺术家还会充分利用众筹平台来筹集资金。在新兴众筹平台等融资手段的推动下，艺术家的艺术项目融资目标得以顺利实现，得益于大众的支持与慷慨捐助。艺术家不仅有强大的商业实力，更有良好的艺术实践。艺术家擅长发掘利用多样化资源、开辟资金渠道来保证其艺术项目不受阻碍。

在目前数字化时代下,艺术家通过众筹平台这种新的融资方式,以社区为依托为艺术创作提供所需经费。艺术家通过和社区居民的沟通和互动来表现他们所创造的作品,最后由社区公众来评价这些作品。这样艺术家不仅可以得到经济支持,还能让更多的人有机会参与到公共艺术项目中来,使艺术项目对社区、对公共领域的影响进一步提高。

总的来看,艺术家们在面对经济来源问题时,采取了许多新的方法。他们总是乐于观察生活、挑战生活。这种艺术创新精神在促进公共艺术持续发展的同时,也能给社会带来持续发展。

在文化与社会挑战下,艺术家采取开放态度,尊重不同文化背景下的受众,聆听群众心声,从而保证其作品能真正体现多样性,符合大众期待。艺术家通过积极参加社区活动来深挖社区历史与文化的底蕴,使作品呈现更深刻、更贴近生活的题材。

另外,艺术家也会主动、积极地同社会对话、沟通,以便收集大众的观点、建议,使之更符合自己的需要、期待。相应的,大众也能够从艺术家身上了解更多的公共艺术。艺术家甚至可以邀请社区居民共同参与公共艺术创作,这样不仅可以让艺术作品更加接近社区文化,还可以提升大众对于公共艺术的认同感与归属感。

社区是一个特殊的场所,它见证了人类社会历史的发展。在进行社区艺术创作时,要考虑到每一个社区的特殊性。艺术家尊重和理解不同文化背景下的受众,这正是多元文化所需要的。每一个社区所承载的历史文化底蕴都是不一样的。

在一个成熟的社区里,艺术家们和居民应该是互利互惠的。艺术家们希望得到居民的反馈,居民则希望艺术家给他们带来优秀的艺术作品。公共艺术并不是艺术家的独角戏,而是和社区民众联合创造出来的。

艺术家通过和居民的交往,分享了对作品和对城市生活情感的体验,使得公共艺术创作更易为人理解、接受和传播。如此,艺术作品既能更接近社区实际,又能促进大众对于公共艺术的认同。另外,艺术创作时艺术家和社区居民也能建立良性的互动关系。公共艺术通过公众参与发挥着沟通社区居民与艺术之间的桥梁作用,进而增强自身的社会影响力与文化价值。

总的来看,艺术家在面对文化及社会挑战的过程中,本着宽容及尊重的心态与社会建立起密切的互动,显示出艺术和社会以及艺术和大众不可分割的关系。通过在城市公共空间艺术作品形态上进行探索与实践,并在公共艺术活动发展模式上进行创新与尝试,提供可供参考与借鉴之路。这一态度与方式不仅表现出艺术家对社会的责任感与敏锐度,而且对公共艺术塑造城市形象与提升社区价值起到不可或缺的重要作用。

城市公共艺术实践虽然充满挑战,但是艺术家只要保持创新和进取精神,就能克服一切困难,创造出深入人心的公共艺术作品,给城市文化景象带来新鲜的活力与色彩。

在种种挑战面前,艺术家展现出无穷的激情与恒心,在创新的引领下,艺术家就像一颗砥砺前行的明珠,在种种困境中不断地打磨着自己。他们抱有艺术的激情,追求美,深刻地认识到艺术的力量能产生深刻的意义,从而矢志不渝、一往无前、不畏艰险。

在解决困难的过程中,艺术家创造出无数令人叹为观止的公共艺术杰作,这些公共艺术杰作为城市文化景观添加了多姿多彩的元素,彰显着城市独特的个性与魅力。公共艺术杰作的设计和创作都是从人的需要出发,为了满足人的精神生活需要,使人们在日常生活中体会到了美的真谛、美的魅力、美的享受。艺术家用自己特有的手法抒发了他们对于城市的喜爱、对于人生的向往和对于未来的向往。这些杰作已成为城市的象征,人们透过它们领略城市的魅力、铭刻城市的记忆、沉醉于城市的魅力。艺术家们用自己独特的视角去审视世界,用自己的艺术作品来抒发内心情感,用他们特有的方式表达对美好生活的向往与追求。艺术家的创作还使人在忙碌的生活之余驻足、沉淀灵魂,欣赏艺术之美、感悟人生之真谛。

4.3 创新艺术案例分析

公共艺术作品在世界范围内所表现出的形态、题材与媒介都是多样性的,它的变迁受艺术家意志、社区需求及地理环境制约等诸多因素的限制。所以公共艺术创作有必要对多种可能的因素进行考量和取舍。我们以几个国家和地区的公共艺术项目为例,对这些案例进行深入的研究,探讨它们是如何以创新的方式将艺术融入大众生活的。

　　首先，我们来看一个位于荷兰的案例，艺术家丹·罗斯加德(Daan Roosegaarde)
设计的梵·高小路(Van Gogh-Roosegaarde)自行车道(图 4-1)。骑着自行车在梵·高
小路上行驶时会发现路两旁有许多形状不规整、色彩斑斓的"星星"。每当夜幕降临，
这条自行车道就会幻化成灿烂星空中的幻境，给人置身太空的印象。该自行车道是
以荷兰著名画家梵·高创作的《星夜》一画为创作灵感来源，《星夜》为该车道赋予
了无穷的艺术魅力。丹·罗斯加德利用特殊材料模拟天上的星星，通过荧光涂料与
太阳能技术的应用，让自行车道上出现了夜晚温柔的光，就像梵·高绘画里的星空
景象一样。人们在这条道路上骑自行车时会为眼前忽明忽暗的星光迷住。梵·高
小路以创新性的方式展现了梵·高的艺术，同时也提供了一种安全环保的夜间交通
方式，给大众带来前所未有的体验。

图 4-1　梵·高小路

　　在梵·高小路这一具有特色的工程中，创意思维对城市公共艺术的意义被充
分地体现出来。艺术家将抽象视觉符号经过创造性转换后转化为可感知的形态。
Daan Roosegaarde 采用包括 LED 灯光、光感应以及交互式技术等前沿技术把梵·高
绘画作品变成带有动态效果的光影装置来数字化展现艺术作品。梵·高小路打破

了传统视觉方式,用新颖且有冲击力的视觉效果传达给人们信息,使人产生强烈的感官冲击与震撼。这一别出心裁的艺术表达方式,既呈现出艺术家特有的眼光,又给受众以全新的艺术感受。本设计将数字媒体技术与交互功能融合到艺术中,通过采用LED光源与交互式技术相结合的方式,丹·罗斯加德成功地把梵·高绘画作品变成了城市里实体的艺术设备。这种用视觉语言来表现的方法,就是现代设计的重要体现。这一交融创造出的气氛,使观者沉醉于梵·高艺术的境界之中,体验无可比拟的艺术魅力。

梵·高小路是一项将梵·高艺术作品和现代科技相结合的企划。这项跨学科的计划致力于探索如何将传统绘画元素应用在城市设计中。观众可以在现代城市公共空间中重新认识,了解这些经典艺术作品。观众会发现,我们的日常生活竟然也可以和这些经典艺术作品相结合。

梵·高小路这一方案推动大众主动参与互动,形成共享文化氛围。它会呈现艺术家们的创作理念,并透过种类繁多的设备使人有切身感受。在城市里,受众能够和这些艺术装置进行交流,体验艺术和科技的美妙融合,就像处在一种新的艺术境界。在这一过程中观众不仅是参与者,更是作品的创造者。这一参与性设计启发大众的创造性与想象力并将其纳入艺术作品创作之中。艺术家们还可以从大众处获得启发,产生新观念和新视角。大众可以在与设备的交互中变换光影的造型和颜色,并利用自己的动作来营造一种独特的艺术体验。艺术家们还可以借助多种科技从事艺术创作来适应不同人群的需要。大众参与设计不只是为鉴赏艺术提供一个契机,也让大众成为艺术创作者与共同传播者。还能提高大众对艺术创作参与的积极性,提升作品影响力与吸引力。借助社交媒体等渠道,受众可以共享创作与经验,进而扩大艺术作品影响力并形成共享文化社群。

梵·高小路这一方案的创新思维是利用城市公共空间创造与城市居民互动的艺术感受。艺术家与居民共同参与设计,使作品反映出人们对生活方式的反思与精神追求。这种社交互动在给城市注入新活力的同时,也促进着城市居民的交往与沟通。商业、旅游、休闲娱乐和其他各类城市活动均以公共空间为载体发挥作用。城市公共艺术作品已经成为城市中一道独特的风景,吸引着人们聚集在一起,形成了一个生机勃勃的公共空间。通过把艺术带入城市环境,艺术家能够以作品来抒发自己对于生活方式和生活态度的见解,让居民从城市公共艺术作品中获得更多的归属感。这种社交互动既能调动城市居民参与的积极性与认同感,又有利于社区凝聚力的构建,促进城市社交与文化价值的实现。

高线公园(High Line)（图 4-2）是一项将废弃的高架铁路线改造成公共空间,提供绿色休闲场所,满足繁华都市的居住需求的项目。在这一规划中艺术家与设计师们巧妙利用既有铁路线结构构思各种公共设施与艺术装置以显示自己的思想与天赋。他们重新规划了现有的路线,使人们可以更加容易地利用这些设施。他们把铁轨改装,使之变成可供搭乘的座椅、长凳等,既保留了原来的工业风貌又达到了新的效果。在这里,让人既能欣赏各国艺术大师的作品,又能欣赏当地艺术家的雕塑。另外 High Line 既是公园又是一个开放艺术展览空间,融合了众多临时及永久性公共艺术作品,给工程注入更多文化内涵。

图 4-2　高线公园

高线公园规划设计凸显出创意思维在公共艺术领域的重要作用。设计师通过回顾历史记忆,把旧铁路改造为城市开放街道,并用现代材料营造了全新的氛围。把废弃铁路线路变成城市公园这一设想是个别出心裁的大胆之举。以单条街道为出入口,重新规划、设计、布局,形成城市空间新理念。这一创新思维对传统城市规划理念提出质疑,使废弃基础设施变成集文化、艺术与休闲为一体的公共领域。用创新的手法将艺术家的思想融于公园中形成有机整体。通过自然景观和艺术元素的融合创造独特的艺术感受。在设计上采用新技术,使之成为一个开放的环境,让人们能自由地进行交流、讨论。园区展示了多种艺术杰作,有雕塑、装置艺术、壁画等等,这些艺术杰作与自然植被以及城市景观交相辉映。这些作品不仅美化了环境,而且给人带来了心灵的安慰。通过艺术与景观的完美结合,艺术家创造出富有视觉及感官体验、吸引大量游客及当地居民探究的公共空间。在这一环境下,我们能够感受到各个时期艺术家的作品以及艺术家对待现代社会生活所采取的方式——注重社区参与与文化活动相融合,从而推动社区文化繁荣。公园以提供各种服务的方式满足了不同群体精神生活需求,使之成为人们游憩和交流情感的地方。园内经常举行各种艺术展览、表演及文化活动等,引起当地市民及游客积极参与。园区内也进行了多项娱乐活动,以增进社区居民之间的沟通。通过组织社区参与、文化活动等方式,增强公园同周边社区的联系,增强社区凝聚力、文化交流。

高线公园建设给周边城市复兴带来强大动力,给城市发展带来新的生机。通过改造设计和发展,在丰富该区景观资源的同时也增强了居民对于这一地区的认同。公园的规划设计给原本荒芜的土地带来了新生,同时也引来了更多商业、文化活动投入,让它重新焕发青春。改造时,居民共同参与整个工程的规划和设计,使公园真正成为社区生活的共同体,给民众提供良好的休闲场所,又促进地方经济繁荣。

高线公园设计及营运期间,致力达到可持续发展及环境保护的目的,确保园区的生态系统及人类活动不对人类产生负面影响。高线公园既是生态性公园又是节能环保智慧化社区。园区在绿色建筑与景观设计的原则下,利用可再生能源提供电力,进行雨水收集与循环利用,培育绿色植被,降低能源消耗与环境影响。同时在景观营造中融入低碳理念,营造一个舒适怡人的户外休闲空间以改善居民的生活质量和促进社会的和谐与安定。为缓解城市交通拥堵、降低空气污染,园区建有自行车道、步行道等各种便捷交通道路,鼓励市民选择低碳出行方式。

荷兰鹿特丹立方体房屋(图 4-3):荷兰设计师皮埃特·布洛姆设计了许多别具一格的住宅建筑,比如荷兰鹿特丹的立方体房屋。立方体房屋整体呈一个倾斜的立方体形状,每间客房都有可升降的平台,满足不同人的需求。这些特殊的房屋已经成为鹿特丹的标志性景观,为当地带来了可观的收入,成了一张城市名片。

立方体住宅由于建筑风格别出心裁而出名,既具备了现代城市所需的功能,又满足了人的精神需求。传统建筑一般表现为平面或者规则的几何形状,立方体房屋通过对倾斜、错位立方体的运用,突破传统建筑形式的束缚,营造独特、醒目的造型。许多游客及艺术爱好者都为这一别出心裁的建筑形式而驻足欣赏。

立方体房屋不只是一个住所,而是一个艺术气息浓郁的地方。设计师以处理建筑物不同部位间相互关系为主要创作方法,应用到每栋住宅。每一个立方体都经过精心设计成为单独的住宅单元,但其错位与倾斜带来的视觉效果却像艺术品。在这一特定空间里,建筑师们通过多种材料的搭配和融合使立方体房屋设计实现了艺术和住宅功能的完美结合,从而成为鹿特丹市标志性艺术杰作之一。

图 4-3　荷兰鹿特丹的立方体房屋

鹿特丹市城市复兴规划认为建造立方体房屋是其主要措施之一。为改变鹿特丹城市形象并吸引更多人来此生活、工作及参观，规划以建造有创意及艺术性的建筑物为目的。设计人员在工程实施期间和当地居民一起研究了怎样创造有特色的建筑空间和怎样创造一个好环境。立方体建筑建成后，不仅给鹿特丹带去别具一格的建筑风貌，还吸引着大批游客来此体验这座城市的文化底蕴与创意气氛。

立方体住宅空间表现出创造性思维模式。这些住房是由许多相互独立和相互关联的建筑构件组成。每一个立方体均精心设计为完整的住宅单元，并对内部空间进行了细致优化，满足了居民的基本生活需求。该结构形式既能让住户得到较好的居住体验又能改善拥挤的城市公共生活空间。因立方体房屋间错位及倾斜，住户可于露台、阳台及其他不同户外空间与周边环境交互，以营造多样户外体验。

上海外滩公共艺术展览空间——上海外滩美术馆（图 4-4）以其独具匠心的建筑设计和展览策划而著称。人们在此可近距离观赏各地艺术品，体会不同文化背景下艺术家们的创作灵感和对人生的反思。美术馆不仅展出国内外艺术家的杰作，还通过与城市环境的互动,营造出独特的展览体验。作为一座城市文化标志性建筑,其设计大胆地运用了新材料、新工艺、新思维。上海外滩美术馆打破传统边界,把艺术和城市有机地结合在一起,给观者一种新的艺术感受。

图 4-4　上海外滩美术馆

上海外滩美术馆地处黄浦江边外滩区域,与外滩 18 号、外滩码头等地相邻,形成美术馆群落,构成独特的文化景观。上海外滩美术馆由大卫·奇普菲尔德(David Chipperfield)主持设计,有 5 个展厅和 1 个多功能厅,在设计上既保留了中国传统的老梁木,又融合了西方建筑的风格。

上海外滩美术馆作为专门展现当代艺术之美的地方,给艺术家们搭建了展示与沟通的舞台。这里陈列的作品既代表了当代艺术家们对社会生活的重视与思考,又体现了他们不同时期创作风格与理念的转变。美术馆展示的展览内容横跨当代艺术的各个领域,其中有但不仅仅局限于绘画、雕塑、摄影和装置艺术。作为非营利性机构,在不断完善服务功能的基础上,也致力于使自身成为一个开放的公共文化空间。上海外滩美术馆经常举办各种艺术展览、讲座及工作坊,让一般人有极佳的机会欣赏及认识当代艺术。

上海外滩美术馆既是展示文化之地,也是推动文化活动与社会参与的关键推手。美术馆作为一个城市公共空间对文化交流具有重要的促进作用。美术馆举办了丰富多彩的文化活动,包括艺术家演讲、学术研讨、艺术教育项目等,吸引了广大艺术爱好者、学者和社会公众的积极参与。其依托公共空间,面向大众,通过各种媒介进行信息传播,是公众了解当代艺术和前沿文化动态的一个平台。美术馆积极推进同其他文化机构、艺术团体之间的协作,从而促进了艺术领域内的交流及合作。在信息爆炸的今天,美术馆已经成了城市不可或缺的组成部分,并且对于城市的发展起到了越来越重要的作用。外滩美术馆是上海市标志性文化景点,对树立城市形

象、增强旅游吸引力起着关键作用。该景区吸引着众多海内外游客纷至沓来，魅力
不容低估，

由于大卫·奇普菲尔德的突出贡献，上海旅游业蓬勃发展起来，使美术馆在全
区范围内具有深刻的意义并成为城市的标志。美术馆丰富了这一区域的文化内涵，
使参观者得到了更丰富的文化体验。馆藏的艺术珍品还可以使当地居民更加了解
他们所生活的这座城市。外滩美术馆的突出贡献令上海旅游业蓬勃发展。旅游者
的旅游体验在获得巨大提升的同时给其带来文化的启迪与深刻反思。

柏林墙坍塌后，城市公共艺术项目将墙体空间巧妙利用，成为世界上最大的户
外画廊。许多国家的画家在墙壁上绘制出许多艺术作品，以表现其对和平、自由与
统一的追求(图4-5)。这一艺术项目在给这座城市带来丰富文化元素的同时，也是
柏林历史与城市转型的一个标志，给这座城市发展带来新生机。

图 4-5　柏林墙

柏林墙作为20世纪极富象征意义的分界墙，它既是柏林城市景观的主要标志
性建筑之一，也是柏林城市特有的魅力标志之一。1961年柏林见证了这座建筑的诞
生，它将东柏林与西柏林隔离开来，成为东西方冷战时期的象征，凸显了两国的紧张
关系。曾经在当时历史条件下起过很大作用。但随着时间的推移，柏林墙渐渐演变
成一座意义非凡的艺术殿堂与政治象征。

画家在柏林墙上涂鸦与绘画，将自由、团结与抗议作为表现自己想法与感受的
题材。柏林墙作为城市的标志性建筑，见证了历史发展进程中各个时期人们的生活
方式。不管是柏林墙的西面或东面，艺术家都会利用柏林墙作为媒介来表达自己的
思想与政治信仰。在这个过程中艺术家们通过重新整理墙壁上的涂鸦与壁画来更
鲜明地反映他们的想法。涂鸦与壁画所涉及的题材非常广泛，有政治漫画、抽象艺

术、文字表现、具象图像等,它们共同组成独特而多彩的艺术图景。

柏林墙上的艺术作品不只是对政治体制进行批判,而是强烈地呼唤人的自由与统一,表现出人对自由与统一的寻求与追求。这些作品用特有的手法,表现出人民对和平和发展的渴望,对民主制度的追求。在这部著作中,我们可以窥见民众对战争、暴力、民族分离等问题的畏惧与不满。这些艺术作品涂鸦与壁画把观赏者带进情感与思维的领域,并引发了人们对于历史,社会以及人类命运等问题的深刻反思。

柏林墙的价值不只体现在它所特有的艺术价值上,还体现在它所承载的历史记忆与社会意义上,这几个要素共同组成了必不可少的文化遗产。人们应牢记历史的分裂与压迫,追求自由、统一与人权。它让我们可以从不同角度去看待历史事件,让我们重新考虑人与自然的关系。通过柏林墙上艺术作品的留存与呈现,可以铭刻历史,引发未来警醒,为后人记录这一特殊历史经验。

I amsterdam(图 4-6)是阿姆斯特丹市的一项公共艺术项目,由一组巨大的红白字母组成,高 2 米,造型独特,色彩艳丽,吸引了无数参观者,是城市的标志性景点。该项目通过运用大量色彩丰富的素材和独特的设计手法使受众在观看时产生一种特殊的情感体验。作品将城市营销与公共艺术结合在一起,在人与人之间搭建互动的平台,既有个人身份的表达又有集体身份的表达,这一表达方式具有很大的创新。

I amsterdam 的独特之处在于将城市的品牌理念融入公共艺术的创作中,形成一种视觉符号,为城市形象注入了新的活力。这一视觉符号在传递信息的同时,也传达了人们对于生活质量和精神文化层面的追求。这一平台让参观者有机会进行公共互动,自由地穿梭于各种字母间,爬来爬去甚至休息,成为艺术作品不可缺少的部分。城市和艺术家们以此为途径来打造城市新景观。这种公众参与性很强的艺术形式不仅给旅游者以特殊的情感,而且还能增进旅游者和城市的密切关系。

I amsterdam 既是建筑形态也是文化理念和生活理念。I am Amsterdam 是一种表达阿姆斯特丹包容和欢迎所有人的精神的语言,其独特的表达方式和文化内涵使阿姆斯特丹成为一座具有文化底蕴和历史底蕴的城市。I amsterdam 一词充分体现了阿姆斯特丹人自由独立的精神,也可以看作是 I am,Amsterdam。

中华艺术宫(图 4-7)原为中国国际博览会的中国馆,其建筑设计融合了中国传统文化的精髓,如屋檐形式、窗户上的图案等这些要素在传统文化的基础上进行了创新运用。公共艺术这一创新理念被充分地体现于中华艺术宫内的展览与活动之中,包括互动元素的导入以及数字技术的应用。

图 4-6　I amsterdam

图 4-7　中华艺术宫

中华艺术宫面积有 16 万平方多米,整体以鲜红色为基调,看上去就像一个装满了珍宝的古典的盒子。它是世博会中国馆的中心建筑,也是世博会的招牌。

中华艺术宫展览内容分三大板块,一是中国传统文化的深度阐释与呈现,包括中国绘画、雕塑、陶瓷以及书法等各种艺术形式;二是中国近现代艺术的研究与综合呈现,涉及绘画、雕塑、版画、摄影等艺术形态;三是从西方吸取和借鉴现代设计的思想和手法,主要表现在建筑空间环境、室内设计、工业产品设计以及其他形式。中国当代艺术探索与展示,涉及新媒体艺术、装置艺术、行为艺术以及其他各种当代艺术形式,向我们展示出绚丽多姿的艺术风貌。

除此之外,中华艺术宫还会组织各种艺术讲座、艺术教育活动、艺术交流活动等等,给大众带来了丰富多样的艺术体验与学习机会。

这些个案展现了世界城市公共艺术的创新与实践,给城市文化繁荣与发展带来了新鲜的生机与力量。这些作品既体现了浓郁的地域性特色又有较强的艺术性与欣赏性。艺术家以独特的设计理念,与城市环境互动,以社区的合作为基础,成功地将艺术元素融入城市空间,从而为城市注入了独特的文化艺术气息。另外这些个案也强调艺术对提高市民生活质量的功能。这些创新的艺术案例并不是简单地美化了城市,而是借助艺术的魅力引发了群众的主动参与与共同体验,进而促进了人们对于城市环境,历史与社会议题的深刻反思。

这些案例面临的挑战与困难同样不可忽视。所以,我们有必要把艺术品置于城市总体框架下进行考察与剖析。当艺术作品融入城市空间中,一是要综合考虑到城市历史,文化以及社会背景等因素,这样才能保证艺术作品和城市环境之间相辅相成,引起共鸣。二是在艺术作品的保护中,必须建立有效的监督机制与反馈机制,才能使其价值得到较好的发挥。三是艺术家及城市规划者在进行设计时,要充分考虑大众的要求及观点,保证艺术作品能够与受众进行交流及分享,进而实现更高层面上的文化交流。另外,对艺术作品来说,它的可持续性与维护也是一个关键考量,既要经受住时间与自然环境的检验,又要有源源不断的资金与维护机制作为支撑,才能保证作品的质量与价值。

为解决上述难题,创意艺术案例中运用了一系列创新解决方案。艺术家以多种方式推动艺术实践活动。一是在同城市规划师、建筑师以及景观设计师们的合作下,共同探讨如何把艺术同城市空间互相结合起来,从而创作出同周边环境相辅相成的艺术佳作。艺术家还通过组织展览或者讲座等形式推广公共艺术概念和设计思想,使更多的人理解和支持这一新方法。二是艺术家主动与当地社区及居民进行广泛合作，大量收集意见与反馈信息，从而保证艺术作品能完全符合大众的需要及期待；三是艺术家还致力于保证艺术作品的可持续性与维护性，选择合适的素材与技术，制定详细的维护计划来保证其持久存在与卓越状态。

从整体上看，城市公共艺术创新案例，表现出艺术是怎样融入城市生活，给城市增添文化氛围与给居民增加生活体验的。这类作品是艺术家根据各个时期、各个地域、各个人群的需要所创造的，具有特定含义或者象征寓意的作品。这些个案以其匠心独运的设计及创新思维将城市环境、历史及社会议题融入艺术之中，引发了人们对于城市的重视及思考。这些个案还为我们展示了艺术家们在城市文化与人类精神层面上是怎样通过丰富的途径来表达自己的认知，又是怎样通过更有魅力的艺术形态来影响着人们的日常生活的。这些经验与启示给我们带来了有价值的启发，启发我们不断促进城市规划与公共艺术领域的创新，从而促进城市可持续发展。希望这些个案能对有关专业人员有所启示与裨益。下面谈几点启示与指导，给大家以有益指导。

(1) 以人为本。

城市公共艺术的展现应着眼于满足人的需要。公共艺术作为一种内涵丰富、文化价值丰富的空间载体旨在满足大众对于美的需求。在艺术作品的设计与布局中，一定要充分考虑受众的参与与交互，这样才能创作出能引起大众共鸣与情感关联的作品来。所以，公共艺术设计的开展要以大众为本，要有大众的参与。与地方社区及居民之间建立密切的合作关系非常重要，因为居民的回馈和看法能够对塑造更有意义、更包容的公共艺术项目给予强有力的支持。

在艺术作品设计与布局中，一定要充分考虑受众的参与，这样才能保证最大限度地体现出作品的品质与效果。随着科学技术的进步，艺术品的交互设计受到了更多的关注。艺术作品可构思为一种互动性强或者参与性强的结构来刺激受众主动参与，进而产生个性化的独特艺术感觉。观众在艺术创作过程中扮演着重要角色，同样有权参与到创作中来。艺术家在与受众的互动中，能够突破传统受众和作品间的壁垒，把受众纳入艺术作品的组成当中，与受众共同营造一种多姿多彩的艺术感觉。

公共艺术项目能否取得成功主要依赖于能否同当地社区及居民密切合作。在城市里，艺术家要以更加开放、宽容的态度参与社会的成长。艺术家应主动与社区居民及利益相关者进行合作,听取其意见及反馈信息,洞察其需求及期待,以期获得更佳艺术创作效果。与此同时,艺术家们也要考虑到他们在社会中所起的作用。通过与群众的协作,艺术家可以深度发掘地方文化及历史,以保证其艺术作品能与群众的价值及身份相辅相成。另外,社会上大众还能共享艺术家们所取得的创作成果和他们为社会发展所做的贡献。提升公共艺术项目可持续性与影响力需要社区居民的主动参与与介入,以形成参与氛围。

城市公共艺术最核心的理念是以人为本,把人的需要与利益放在最高位置。艺术家要着眼于受众的需要,创造能引起大众共鸣与情感共振的作品。城市公共艺术应在尊重历史传统的前提下,把满足人们的精神需要作为自己的目标追求。与当地社区及居民之间的密切协作至关重要,因其观点及反馈能为形塑更有内涵及包容性的公共艺术项目给予大力支持。在城市公共空间内构建相互理解、尊重、信赖的共同体,以促使大众对城市公共艺术有更大的认同感。城市公共艺术通过以人为本的设计与合作,能够作为城市文化中的一个重要部分,给人们带来丰富多样的艺术体验与情感体验。

(2)融合。

公共艺术应与城市自然环境、历史文化相融合,以形成充满启迪性的对话氛围。作为一种特殊的空间形式,城市公共艺术是由艺术家对生活中各种形态的人所创作的艺术品。艺术家通过匠心独运的设计及创意手法使艺术作品与周围建筑、景观及文化元素形成互补,创造出与城市环境互补的视觉氛围。

在对艺术作品进行构思及设计时,艺术家能够利用巧妙的手法及表达方式使作品融入身边的都市中。城市是人类社会发展过程中,在特定时期形成的。通过对于城市建筑在造型、色彩、材质等诸多方面的深入学习和了解,艺术家可以创造出能与此遥相呼应的艺术佳作。艺术作品在形式上、结构上都能与周围建筑物形成互补,创造和谐的视觉氛围。艺术作品是一种艺术表现形式,它通过视觉符号这一载体传递一定的思想或者情感,从而表达出人的内心感受。另外,艺术作品还能在与周遭环境、文化元素等相互作用中传达出特有的含义与讯息,进而彰显出自身特有的艺术魅力。

公共艺术的魅力就在于其与城市中的环境及历史相融合,相对话而产生出的特殊的艺术魅力。公共艺术作品阐释了某个区域或者城市的精神价值与审美意义。艺术作品要与周围的建筑,景观及文化元素互为补充,创造与城市环境互补的视觉效果。公共艺术应该用特殊的形式来传递某种精神理念并使之产生某种象征意义，进而潜移默化地对大众产生影响。公共艺术对城市建设有着举足轻重的影响，也是现代城市中不可或缺的组成部分。公共艺术通过与城市环境及受众的融合，能够深刻地融入民众的日常生活之中，进而赋予了城市特有的韵味及文化内涵。

(3) 创新材料和技术。

在城市公共艺术创新进程中，材料与工艺的选择与运用同样是关键一环。在现代艺术的发展中，新材料的应用与新型技术手段的使用与实践都有待继续开发，这样才能更好地服务于人民群众。艺术家们可以对可再生材料，智能科技以及其他新兴材料与工艺进行探索，从而塑造出更具有现代感与可持续性的美术精品。另外，艺术家们可以把多种材质复合在一起，这样就赋予了不同种类艺术品以全新的作用，让它们更加符合生活方式。这些创新的材料与工艺在提高艺术作品视觉效果的同时也增加了作品的功能性与耐久性。

新型材料的应用使艺术作品在视觉效果与质感上都能以全新的面貌展现出来，显示出空前的艺术魅力。当前较为盛行的新的艺术材料是可再生材料，可降解材料、再生材料等可再生材料可有效减少环境资源消耗，并可在使用寿命末期循环再利用。通过绿色的新型建筑材料创造出的独具艺术魅力的作品既符合可持续发展理念，又给艺术作品带来环保、创新等特殊因素。

由于智能科技广泛运用，公共艺术得到空前发展。通过运用现代科技手段营造的虚拟或者现实空间环境能够使受众更深刻地体会与感受艺术作品所包含的情感内涵。通过交互式科技设备以及投影技术的应用，艺术作品能够实现与受众的交互。另外，运用虚拟现实等高新科技手段营造一个更逼真的环境以吸引受众，使受众沉浸其中体验艺术。利用这一技术，受众可以更直接地与作品沟通互动，以增强其参与度及艺术作品沉浸感。

另外，利用新颖的材料与技术能够增强艺术作品的实用性与持久性，使作品更具有吸引力与魅力。在科学技术水平日益提升的今天，艺术产品在今后会朝着更加环保、更加健康以及更加可持续的方向发展。

通过对新型材料及工艺的选择及运用进行探索，艺术家们能够创造更具有现代感及可持续性的城市公共艺术杰作。以玻璃、塑料为主要创作要素的新型建筑材料，以陶瓷、金属为典型代表的新型装饰工艺，被广泛应用于当代公共艺术创作。这些创新的材料与工艺不仅能增强作品视觉吸引力，还能提高作品功能性与耐久性，进而为城市创造更多的艺术魅力公共空间。

(4)激发社会参与和共享体验。

城市公共艺术的价值在于唤起社会参与和使社会共享相互艺术体验。公共艺术是具有参与性、互动性、体验性的文化产品。通过艺术作品的交互与介入,受众能够与作品之间建立起密切的联结与共鸣,进而与城市环境、社区之间产生更密切的互动关系。公共艺术这一文化形态是城市景观重要和独特的组成部分,能够给市民带来赏心悦目的视觉享受、情感慰藉和精神启迪。所以,公共艺术项目应营造能刺激受众参与与交往的气氛,给受众以亲切的观赏环境与交往方式,营造一种使人乐于探究与体验的公共空间。

另外,公共艺术项目能够创造出怡人的观赏氛围,以调动受众参与的积极性。所以在公共艺术项目策划中,要充分考虑到如何适应各类群体对于艺术品的要求。在陈列艺术作品的地方可以布置舒适座椅、观赏区、信息牌以及引导标识,给受众提供了思考与鉴赏的空间。此外,艺术项目设计者应把重点放在作品本身和与作品有关的内容,而非只限于具体的形式和手法。在艺术项目设计中,一定要兼顾不同年龄阶段、不同背景、不同才能的受众,这样才能保证大家都能很容易地参与其中,享受到艺术所带来的快乐。

公共艺术项目借助互动技术与数字媒体可以给参与主体带来更丰富的参与体验以增强自身的艺术价值与影响力。借助数字化交互手段,大众能够在作品中表达个人的观点与意见,并且能够用不同的方式来表达自己对于作品内涵的认知与情感。通过手机应用程序、虚拟现实、增强现实等前沿技术的应用,受众可以与艺术作品交互共享,主动参与到创作的过程中或者交流个人的看法与情感。另外,数字媒体技术还为大众通过网络在线交流、即时评论、实时观赏等各种渠道展示作品,为鉴赏艺术品提供了全新的表达方式。数字化互动方式突破时空限制,让更多人有机会参与到公共艺术项目中,进而促进社会广泛参与并分享体验。

城市公共艺术的价值在于唤起社会参与和使社会共享艺术体验。城市公共艺术作为一种新兴的文化现象形式,具有促进公众参与的特殊优势。受众通过对艺术作品的参与与交互,在作品间建立起密切的关联与共鸣,进而推动城市环境与社区间的密切交往。公众作为公共艺术创造者之一,是使用者和最终受益者而非旁观者与接受者。为达到这一目的,公共艺术项目应积极促进受众参与与互动,从而激发其艺术热情与创造力。

(5)持续维护和管理。

城市公共艺术的一大组成部分就是艺术品,要保证公共艺术持续的发展,就一定要维护好公共艺术品。公共艺术品需要长期的大型维护。所以需要建立一套系统的,全面的管理体系。需要公众时刻监督公共艺术品的维护管理。

要想保证公共艺术项目具有可持续性与社会效益,就需要建立起一整套行之有效的管理机制来保证它除了对艺术作品进行养护外还能获得足够的重视与支持。公共艺术项目管理以保护、继承和传播艺术作品为主要使命。为保证艺术作品的合规性与安全性就必须对工程进行充分的监督与管理,保证工程能够达到有关的法规与标准。具体工作中要建立清晰、可操作性强的规章制度,对工程实施过程进行严格监督,才能确保工程健康、持续的发展。另外,对项目运行情况与成效,经常性的绩效评估与监控也是非常关键的环节,唯有如此,才能够及时调整与完善,从而保证项目顺利实施。政府机构在这一进程中要就整个工程作出决定和提供有关的资料。工程的顺利实施离不开广大市民的主动参与与回馈,市民的意见建议可以对工程起到强有力的支撑作用,使工程更能符合社会对工程的要求与期待。

合适的机构可以很好地管理艺术作品,保证艺术作品的可持续发展。任何受到公共空间艺术惠顾的社会团体都有义务保护它。因此,艺术家、管理者、设计师等参与主体逐渐构成了一个有机链,共同制定维护艺术品的计划。

在实际工作中,通过技术手段能够对公共艺术项目进行维护与管理,进而提升项目质量与效益。通过技术运用,可以极大程度地提升公共艺术作品的维护效果与管理效率。如,通过传感器及监测系统实时监控作品状态及环境影响,并使用数字化平台及移动应用程序管理项目数据及信息,促进维护效率及透明度。

要保证城市公共艺术的可持续发展,就必须建立起一套持续的维护和管理机制,以保证其长期稳定地发挥作用。城市公共艺术要和自然环境和谐相处,维护自然形态,有一定生态适应性。保证艺术作品处于良好状态并发挥其应有的作用,关键是要经常检修与维护。建立一套行之有效的管理体系,开展绩效评估以及听取社会反馈等都是不可或缺的环节。城市公共艺术必须和公众生活紧密联系起来,才能保持其强大的生命力和发挥其应有的功能。城市公共艺术只有得到充分管理与不断重视,才能够保证在社会中具有长久的价值与影响力。

第五章

城市公共艺术的创意实践：
社区视角

5.1　社区参与的方式与重要性

社区参与在城市公共艺术的创意实践中扮演着至关重要的角色，为城市公共艺术注入了活力和创造力。通过社区参与，大众可获得公共艺术作品的相关知识与技能，进而提高其城市公共艺术认知。就公共艺术项目而言，社区居民及利益相关者主动参与到决策、策划、设计及执行等环节，为工程的成功开展提供必要支持。这有利于提高市民城市文化认知水平及审美情趣、社会凝聚力和归属感、城市文明程度。社区居民在城市公共艺术项目中有很多参与途径，如社区会议、工作坊、问卷调查、参观考察等等各种形式，其目的都是为了激发他们对于项目的兴趣，参与并分享自己的经验。

社区参与价值表现为诸多方面，包括但并不仅仅局限于社区建设，社区文化建设和社区参与。

（1）增强社区凝聚力和归属感。

社区居民的参与感与认同感能够通过主动参与社区活动而增强。公共艺术作为能有效促进社区成员间相互了解、沟通和互助的重要工具，有利于人在社会生活当中扮演更大角色。当市民参与公共艺术项目时，他们能够更深刻地领悟项目的宗旨和意义，从而建立起情感上的纽带。所以公共艺术创作中应该注重居民参与感的培育。提升社区凝聚力、推动社区互动合作，离不开参与感对社区的正面影响。

社区参与既能调动居民参与公共艺术项目的热情，又能增强其参与社区的意识与认同，进而推动社区文化发展。公共艺术项目能够成为城市发展进程中必不可少的一部分。居民作为公共艺术项目中的一个重要参与主体，不仅获得了深刻认识公共艺术项目的初衷，宗旨及其背后含义的机会，还获得了对公共艺术项目的走向与结果产生深远影响的机会。居民通过自己的行为和态度来体验艺术给他们带来的乐趣，从艺术中得到心灵的满足。他们的参与也为他们提供了一个机会，亲身见证了艺术如何为社区注入新的活力，如何让街道充满活力。

随着社区居民对公共艺术项目的融入程度加深,其与项目的情感将愈加密切。在这个过程中,他们将以不同的互动形式增进彼此的了解和认同。每一次参与讨论、每一次调整、每一次成果展示,都让他们深深体会到自己在社区塑造过程中的作用。这样,他们既可以在作品中领略到自身价值,也可以感受到社区群众对于工作和生活质量的认可与赞许。他们可以通过构建情感纽带来进一步深化社区认同感,使其更加倾向于在社区繁荣与发展中出力。

通过社区参与可增强社区凝聚力,进而推动社区内互动与合作。通过公众在社区中关注公共艺术作品,能够让居民更主动地参与到公共艺术创作中去,进而提升民众文化素养,改善城市整体形象,促进社会进步与发展。公共艺术项目的推行,既需要艺术家们的努力,也需要居民们的主动参与,两者一起讨论、一起决定、一起努力、一起创造。为此,应以公众参与为重要环节,以多种形式将公共艺术和社区进行有机融合,使之更好地适应居民需要,达到社会和谐发展的目的。在此过程中社区居民间的交往与合作会进一步增强,进而增强社区凝聚力。

从整体上看,社区居民主动参与公共艺术项目既能增加其参与感与认同感,又能增进其对项目的了解与支持,强化其与族群的情感联系、提升族群凝聚力、增进族群间互动与协作。现阶段,我国社区文化建设离不开社区参与这一重要元素,社区参与能够有效调动大众参与的积极性,提高城市文化品位。它不仅给小区艺术项目带来积极推动力,而且对小区发展繁荣产生深广影响。

(2)反映社区需求和特点。

参加社区活动可以帮助艺术家及规划者进一步了解社区的需要与特性,进而促进其对于社区的认识与了解。城市进行公共艺术设计活动需要充分考虑社区的现实。通过与市民的交谈与沟通,可以得到有价值的资讯与回馈,洞察市民的兴趣爱好、文化背景及期待,以便于公共艺术项目更好地规划与执行。阐述了规划阶段如何运用社区参与的方式建设城市景观环境。这样才能保证项目更加接近社区需要、参与性更强、共享性更高,以达到参与范围更广、结果质量更高。

社区参与实践使艺术家及规划者能够与社区居民直接建立起联系,而这一互动则为洞察社区需求及特征提供机会。与此同时,社区成员还可以从艺术家身上了解到他们所居住的社区或者城市的走向。在这种互动中,艺术家可以获得居民的意见、反馈和建议,从而更全面地了解社区的历史、文化、特色和期望,这为他们提供了难得的机会。从而使其在城市设计中能够得到市民对社区现状、发展和未来展望等方面的重要资讯。这种信息具有不可估量的价值,可以帮助艺术家和规划者创造出更有吸引力、更有影响力、更能把艺术的魅力与社区生活密切结合起来的公共艺术项目。

艺术家与规划者通过聆听社区心声，能对社区居民的生活方式，价值观与审美趣味有更深的了解，进而避免公共艺术项目设计与执行时可能产生的文化冲突与误会，给予居民更多的启发与协助。艺术家在与居民的沟通互动中，可以更深入地理解城市不同人群的诉求和喜好，这将有利于完善公共艺术作品中体现的社会问题，最终实现促进城市和谐发展。所以，公共艺术项目在社区参与下更能符合社区文化特色与居民审美趣味，进而增强项目接受度与影响力。

另外，公共艺术项目参与度与共享性也可由社区主动参与来提高。所以，开展公共艺术项目建设要关注居民对于公共艺术项目的认知程度和参与度。居民既是项目受益者也是创新者，其参与程度直接决定项目结果。建立公共艺术项目居民和艺术家的互动交流，分享公共艺术项目体验既能提升居民归属感与满足感，又能唤起居民珍惜与尊重公共艺术项目的意识。

整体来看，对艺术家与规划者来说，社区参与既是聆听社区诉求的手段，也是激发社区活力，增强公共艺术项目影响的有效手段。

(3) 促进社区教育和文化传承。

社区居民可通过参加社区活动而有机会学习社区文化。公共艺术作为一种以人为载体的艺术作品，既具有审美性又具有一定教育性，可以提升人们精神生活水平和丰富群众文化活动内容。在公共艺术项目上，居民可以欣赏到千姿百态的艺术形式与文化底蕴，开阔眼界，提升文化自信。社区参与在满足社区居民物质生活需求的同时也有利于改善其精神享受。社区参与既能促进文化传承、保护传统艺术，又能引起居民产生强烈的文化遗产兴趣与激情。

通过公共艺术项目的介入，使居民能够接触多样化艺术形式与文化背景，进而扩大其视野与文化素养。社区作为社会上最为广泛和积极的一个群体，是居民从事艺术创造的主要阵地。通过对艺术家创作理念及作品背后故事的深刻理解，可以深刻领会艺术的多样性及表达方式，进而更深刻认识艺术的精髓。居民们在这一过程中不仅学习到许多相关技能，同时也可以体会到艺术给他们带来的乐趣与满足感。居民经过这样的学习与教育，其文化知识不断丰富，其艺术素养不断提高，与此同时其艺术理解与欣赏能力不断提高。

社区参与所带来的正面影响既表现在促进文化传承与保护传统艺术方面，也表现在增进社会各界对文化价值的普遍认可与继承方面。所以，把公共艺术融入社区生活中有助于丰富社区居民的精神生活,提升其审美能力,从而促进我国城市精神文明的建设。在公共艺术项目方面,介绍地方传统艺术形式与技艺,让居民有机会接触与学习传统艺术,从而保护与继承这些宝贵文化遗产。此外,社区参与还是提高居民生活质量行之有效的途径之一。参加工作坊,展览及演出是居民获得传统艺术技巧与知识,提升传统文化认同感与自豪感的有效方式。

另外,积极的社区参与既能唤起居民对于文化遗产的强烈兴趣与无限喜爱,又能给文化传承带来新的生机与动力。所以,社区内公共艺术创作是非物质文化遗产保护的一种十分有效的手段。居民可通过公共艺术项目的参与,深入了解社区的文化底蕴与历史传承,进而促进文化遗产的珍惜与保护。以此为基础,居民还会主动参与当地的文化生活。参加各种文化活动、展览和庆典,是他们与其他居民分享和传承文化价值和意义的一种方式。

所以社区主动参与到公共艺术项目中去,既给居民以学习、教育机会,又给文化传承、传统艺术保护带来新的生机,调动居民对于文化遗产保护的极大兴趣与积极性。这种参与既深化了居民对于所属于社区文化特色的理解与珍惜,又增强了文化自信与社区认同。

(4) 增加公共艺术项目的可持续性。

公共艺术项目可在社区参与下实现可持续性。项目执行中社区居民作为主要参与主体,是决定项目成败的关键。居民在融入公共艺术项目期间会有更多的职责,其中包括公共艺术项目的养护与管理。通过构建良好的互动机制、激励机制,增进居民与大众的交流与沟通,是促进公共艺术项目可持续发展的关键所在。社区居民作为公共艺术项目的监督者与守护者,对艺术作品完好状态的保护起到必不可少的支撑作用。通过构建有效激励机制激励居民主动参与公共艺术项目。通过这一举措,能够在促进公共艺术项目为社会做出贡献的前提下,有效延长公共艺术项目使用寿命。

社区居民作为公共艺术项目的监督者与守护者,对于公共艺术项目的目的与意义都有很深的理解,对于公共艺术项目的开发与维护负有义不容辞的责任。社区居民可作为项目的参与者、管理者、合作者,发挥着多重作用。他们有能力发现潜在的问题和需要,并且能提供实际的咨询意见和解决方案。所以在公共艺术项目的执行过程中必须要建立起一整套行之有效的机制,才能保障居民主动参与公共艺术项目,从而保障整个社区可以持续健康地发展下去。通过社区居民主动参与,使公共艺术项目能够较好地满足社区需求与变化并及时维修与养护,使公共艺术项目寿命得到有效延长。

社区居民的参与还有一个很重要的方面，就是促进居民对于社区的感知与认可。通过开展社区系列活动，增强居民公共艺术认知和认同感。伴随着居民越来越多地参与到公共艺术项目中，其对于项目的投入与重视也在不断地提高。通过参与，能够培养有一定审美情趣、文化素养的居民群体。他们在项目中建立起感情上的纽带，并愿在项目的养护和开发上做出不懈努力。在这个过程中居民们逐步意识到他们所起的作用，并且把他们的利益诉求纳入项目建设与执行的进程之中，从而成为项目建设与执行中一支不容忽视的力量。社区的自觉与认同激励着居民主动参与到该项目的计划、决策与管理中去，进而产生富有活力的社区动力。

公共艺术项目获得社会支持与认同之所以能够获得更为广泛的认同，是由于社区参与在积极地促进。现阶段我国公共艺术活动发展以居民为主要力量。居民在参与过程中会同其他居民、社区组织以及政府部门进行广泛深入的协作，形成多元化协作网络。基于这种合作网络，成员之间形成互信的情感纽带，使得整个体系达到良性互动。这种合作关系可以给工程注入更多的资源与支持，在推动工程可持续发展的前提下增强工程社会效益。

公共艺术项目是否可持续主要依靠社区居民是否主动参与并作出贡献。基于这一背景，本著作以社区参与为视角，研究其对公共艺术项目产生的作用。居民主动参与既能激发项目维护管理责任感，又能有效延长项目寿命。通过社区成员积极参与到公共艺术作品中去，在提升作品质量与价值的同时也增强作品的文化内涵与审美品位。参加社区活动既能够促进社区居民自我认知与认同，又能够激发社区积极推动力。通过社区参与能够使居民认识到该项目的意义与价值，进而推动其主动参与公共艺术活动。社区参与具有重要意义，可以为项目提供更为广阔的社会支持与资源，进而提高项目社会效益，推动项目可持续发展。

社区参与途径多样，可针对不同项目及社区特点灵活调整，实现更多元化参与。发展社区参与要重视选择适当的参与形式。下面介绍一系列社区参与的常用方法供参考。

定期举行社区会议，请社区居民及有关利益方踊跃参加，共同推动社区发展与进步。会上，居民可聆听艺术家、规划者及项目团队其他相关人士的脉络、目标及方案简介，从而更加容易了解工程的含义及工程自身蕴藏的价值并可聆听其意见建议。基于此，居民也可以对该项目的规划内容展开充分磋商与探讨。通过集思广益、增进社区居民互动与合作、形成共识等方式，对项目畅通无阻地开展提供了大力支持。

一个普遍使用的办法是在各社区建立工作坊(图 5-1)。该方法将社区成员安排到一个具体的地点开展学习。工作坊提供有创意的环境,让居民能主动参与该项目的设计规划进程,以推动该项目的成功执行。该方法有助于加强居民对社区现状,历史和未来发展方向的认识,进而为后续规划设计工作奠定基础。艺术家们能够建立一个工作坊并邀请本地居民参与艺术创作以表达他们对于社区的感受与了解。这些工作坊给居民们搭建了发挥创造力与想象力的舞台,使其能给项目带来新的观点与想法。

图 5-1 社区工作坊

在社区会议及工作坊上,最重要的是要保证人人能有平等的机会发表意见。人人应有权发表意见并参加讨论,而不论社会地位、年龄、性别和文化背景。为了确保每个与会者都能畅所欲言,必须使他们能够得到充分尊重来满足他们自身的需要。参与进程应在尊重多样性与包容性的基础上尽量缩小权力与信息不对称程度,从而保证每一位居民能自由表达意见与利益。

社区会议及工作坊旨在创造共同社区体验及归属感,借以调动居民参与工程的积极性,使其深入了解自身在社区发展中所扮演的关键角色。笔者围绕城市街道—广场等这一主题展开活动,目的在于探索社区文化建设的新路子。通过这一参与途径,使居民能够洞察工程进度,主动参与到决策过程中,共同打造出符合社区特色及需求的公共艺术杰作。

在芝加哥,芝加哥公共艺术集团(Chicago Public Art Program)利用社区会议及工作坊等形式鼓励居民主动参与公共艺术项目决策与设计过程。经常与社区居民开会的项目团队致力于听取居民的呼声和要求，并深入理解居民对于艺术作品的希望和期待。以此为基础，工作坊向市民展示了自己的作品，邀请市民参与到活动中来。同时还举办了工作坊，以便于居民积极参加艺术作品创作。在这一过程中居民依据自己的条件对作品的内容加以选择、调整和修正以达到大众的审美标准。这样，社区居民既能发表个人见解与思想，又能主动参与艺术创作过程中，使社区艺术作品被赋予了特有的思想与角度。

社区会议与工作坊的重要性主要表现在以下几方面，这些会议与工作坊对社区的发展与进步提供了重要支持与保证。

(1) 反映社区需求和利益。

城市公共艺术项目最终的受益者是社区居民，他们了解自己的需要与利益。在这一进程中，社区参与是促进艺术活动发展的最主要因素。通过参加社区会议及工作坊等活动，艺术家及规划者可以直接与当地居民对话，深入了解居民的期待及看法，借此确保引进的艺术项目能切合社区实际需要，并得到广泛支持及认同。

社区居民对公共艺术项目起着关键作用，既是项目的观众，也是项目的主要伙伴与受益者。居民作为社区文化建设的主体之一，在城市公共艺术项目中占据着主要地位，是公共艺术活动得以实施的基本条件。他们生活在社区中，对社区的来龙去脉了然于胸，对于自己的需要与兴趣有直接、深入的理解与感悟。他们参与到公共艺术创作活动中来，同时又是公共艺术项目建设的参与者和支持者。他们是社区的核心，是公共艺术项目成功的关键。

在公共艺术项目的策划与执行过程中，社区会议、工作坊等多种形式已经成为艺术家、规划者、社区居民之间直接对话、深度沟通的重要途径。艺术家、规划者把他们所感受到的社会生活用文字或者绘画的方式记录。通过这样的互动与沟通，艺术家与规划者能够洞察社区居民之所需与所盼，并获得他们的意见与建议，以更能为居民的成长服务。社区工作小组成员可以了解到居民参与，社区发展和地方社会经济状况等许多翔实的信息，从中也可以获得许多有用的启发。这些有价值的资料可以帮助其制定出更加贴近社区实际情况的项目计划、更好地融入社区文化氛围、更加有效地打动社区居民心灵。

通过对话与沟通能够保证公共艺术项目得到社区居民的广泛支持与认同，进而推动社区文化的繁荣与发展。通过和居民之间的交往，公共艺术项目影响着他们的生活方式、行为模式乃至价值观念。项目目标与价值被居民充分认识与认可时，居民更加倾向于主动参与并支持其执行。同时通过居民对于公共艺术作品的感知和良好互动,居民在某种程度上还将是项目参与者。他们的积极参与,不仅可以提高项目执行效率,而且可以提高项目影响力与可持续性,为项目顺利实施打下坚实基础。

另外,社区居民会通过艺术家与规划者们的聆听与参与而深入了解其对生活环境的形塑,从而调动其更加旺盛的参与积极性,在社区发展中真正发挥主导性作用。所以,公共艺术项目建设对改善城市生态环境具有积极的促进作用,能够给社区创造良好的文化氛围和增进社区居民间的沟通与交流,进而促进社会文明与进步。在这一过程当中,公共艺术项目不只是对社区的点缀,而是由社区居民一起创造和占有的宝贵财富,它把艺术融合到社区生活的各个方面,以打造一个更和谐更美好的社区。

公共艺术项目能否顺利实施主要取决于社区居民的主动参与。他们作为公众中的一员,在整个工程过程中发挥着至关重要的作用。项目设计是以满足居民需要与兴趣为出发点,项目执行是以居民参与与支持为保证,最后是以居民满足与认可为成功准则。唯有如此,居民才会对公共艺术项目有归属感与认同感。所以,我们一定要倾听他们的心声,了解他们的需求,尊重他们的权益,让他们积极参与到公共艺术项目的各个环节中去。

(2)增强参与感和责任感。

社区参与使居民有机会参与并决定艺术项目建设,进而提高其参与感与决策能力。居民和艺术家在参与中形成良性的互动机制。他们能够积极地参与讨论,献计献策,乃至亲自融入艺术创作过程之中。居民与艺术家共同进行创作,既可以从中得到满足感、成就感,又可以领略到作为普通公民应尽的义务。通过调动居民参与感与责任感可以使项目得到更多的认可与支持,进而增强项目可持续性与社会效益。

社区参与这一理念加深了居民对公共艺术项目认识,实现了居民由被动旁观者到主动参与者再到决策者的角色转换,由此增强其在公共艺术项目中的参与与影响。居民既是艺术家又是组织者和实践者。艺术项目有很多参与途径,居民既可通过参加公开讨论会议,发表自己的意见,也可在工作坊内自己动手创作,甚至还可作为志愿者或协调员参与到项目实施中来,从而达到直接参与的目的。与此同时,还有很多艺术家、设计师积极地参与进来,成为沟通居民和设计的纽带。因居民主动参与,整个艺术项目过程及最终结果充满了生活氛围及独特个性。

这种参与既让社区居民有机会对艺术景观产生直接的影响，又让居民有机会对项目有更深一步的了解与接受。他们由参与、欣赏、介入，逐渐深刻地感知了社区内不同人群的审美情趣和行为模式。他们在改变自己的生活环境中已取得话语权，也更深刻地认识到公共艺术所蕴含的价值与意义。他们认同公共艺术并承认其文化身份。这一认知的增强进一步刺激居民对艺术项目产生认同感与支持力，推动其更多地投入到努力工作中去，争取艺术项目取得成功。

随着社会经济的不断前进，参与城市建设的人数日益增多，而其中也不乏艺术家的身影。他们既在实施阶段展示自己的才能，又在工程竣工后继续关注并致力于艺术环境的保护，从而保证艺术项目效果的延续与拓展。所以居民对于公共艺术项目有较强的参与度以及责任心。艺术项目带给人们的参与感与责任感使得艺术项目不再只是一种创作活动，它已经成为社区不断发展的巨大力量。

社区主动参与不但能给社会带来显著利益，而且还能给社会进步与发展带来新生机。艺术项目是一种很好的方式，可以让居民间有很好的互动，拉近相互之间的关系，提高相互沟通的概率，有助于推动全社会的进步。参与艺术项目，不但能激发居民自我价值感，而且还有利于增进和其他居民的关系，进而形成和谐的社区氛围。与此同时，发展艺术项目可以丰富居民业余生活和娱乐时间。通过艺术项目的介入，社区环境、社区关系、社区文化等各方面均有较大的改善，社区的整体素质与质量明显提高。

从整体上看，社区参与建设性地形塑着居民对于公共艺术项目所持有的态度与行为，并由此产生明显的项目成效与社会效益。同时由于参与者众多，且在施工过程中各方利益得到有效协调，增强了公共艺术社会影响力。这种参与模式既契合了居民权益又适应了公共艺术项目需要，是推动艺术和社区协调发展的重要方式。

(3)促进共享体验和社区凝聚力。

参加社区活动能刺激居民间的交往与合作，使他们产生共同经验与回忆，推动社区发展与进步。城市中存在着很多公共空间，这些公共空间都是为满足居民休闲娱乐需要而被设计和修建的。社区居民在一起参加艺术项目的过程中，不仅可以分享到作品带给自己的美好与快乐，还能与其他居民之间建立起密切的关系以及深厚的情谊，进而提升了社区凝聚力。

社区参与作为一种巨大的动力，能引起丰富多样的交往，刺激深层的协作，使居民共同产生并共享特有的经验与回忆。居民在这一过程中既体会到社区文化生活的丰富性和乐趣，也收获了很多有关社区发展方面的经验教训。这些体验与记忆就像无数的种子在每个居民心灵深处生根发芽，孕育出社区特有的活力。

社区参与中最主要的一种形式就是艺术项目，艺术项目的魅力就在于它能唤起人心灵深处的感受与想法，突破日常生活中的羁绊，给生活带来新的生机。艺术项目的产生在丰富居民精神文化生活的同时，也让社区焕发出新的生机和活力，是城市发展新的动力。就艺术领域而言，居民不只是欣赏艺术品，更重要的是分享身临其境之感、醉人之美、怡情之乐。在这一过程中，人人都可以感受到不同领域、年龄层次、性别和文化程度的差异，形成独特、丰富的审美活动和精神享受。这种共同的美感与快乐会在他们心底留下深深的印记，让他们将来回想起这些美好的瞬间时，会感到一种温馨与慰藉的力量。

艺术项目既是娱乐的形式，也是沟通居民的桥梁。在公共艺术项目中，艺术家们和居民展开了互动。伴随着两者共同的创造与参与，彼此的了解与接受渐渐深入，友情的种子在此过程中悄悄发芽。社区中的人通过在一起生活和互相学习产生了很深的感情。久而久之，这一情感纽带就会逐步发展成为社区凝聚力的主要来源，从而使每一位社区居民深深意识到他们是社区中不可缺少的一个重要部分。

从整体上看，社区参与与艺术项目协同发展形成巨大动力，促进居民间互动与协作，刺激共享体验与回忆萌发，在提升社区凝聚力。在这一进程中，人们既看到一个富有生气与生机的城市空间，又体会到一种源于人与社会，人与自然之间关系的融洽。社区的魅力不仅在于地理概念上，更在于文化与情感上的浓缩，以及每一个居民热爱生活、尊重别人的具体表现。

(4)提升公共艺术的质量和适应性。

参加社区活动能给艺术项目带来宝贵的意见与反馈，使艺术项目获得新的生机。社区内不同类型群体间的沟通是重要内容，可以让人对社区有多种视角的了解与认知。社区居民参与既有利于艺术家与规划者了解社区环境与需求，也有利于提高公共艺术作品品质与适应性。

社区网络的强大和活跃与社区参与密不可分，因为它既能刺激居民间丰富多样的交往与协作，又能形塑共同经历与回忆。社区通过各种形式分享居民的体验与感受，以产生正面社会影响，形成社区新文化共同体。社区活动中共享参与产生特殊凝聚力，使居民生活更密切、更有意义。

社区艺术项目是一种可以调动居民积极性，引导居民走出家门，高效率参与社区建设方式。人们可以通过社区艺术项目更深刻地理解自己，并且可以扩大人的交际面，不断地提升自我。居民们不但可以领略艺术的魅力，还能身临其境地参与艺术品的创作,美的感受其实就来自参与的过程,而不是纯粹地欣赏艺术本身。更重要的是,这样,居民就能同他们身边的邻居有更密切的关系、更深的情谊,进而扩大了他们之间的社交圈子。同时居民在这一互动过程中也能得到来自身边人的诸多帮助,进而提升了他们对于社区的认同与归属感。通过建立联系、建立友谊等方式,不但能加强个体对社区的归属感,而且还能帮助促进社区整体凝聚力的形成。也有利于增强居民的社区认同。社区的文化与身份认同会经过漫长的进化而逐步形成独特的面貌,这也是社区繁荣的关键。

所以,要积极提倡社区参与,尤其要鼓励艺术项目,促进居民互动与合作,这样才能创造出更有力量与凝聚力的社区。

城市公共艺术创意实践离不开社区参与这一要素,社区参与能给创意带来新的生机与启示。社区参与在中国城市公共艺术建设的进程中发挥着举足轻重的作用。社区居民可以通过参与城市公共艺术项目的决策、规划设计,与艺术家及规划者达成合作,并通过社区会议及工作坊的各种形式来共同促进项目的进行。社区居民参与的同时还会对自己的身份产生认同与归属,并由此形成积极、主动的互动模式。同时社区参与还可以促进社区成员参与社会公共事务。在社区参与的推动下,艺术项目能够更好地与社区文化相融合,进而创造更多具有包容性与参与性公共领域。

社区会议中居民们能够各抒己见、献计献策,共同为社区发展与进步出力。社区成员可通过讨论增进相互的交流及协作,交流个人的经验及思考。他们可以表达对公共艺术项目的期待、需求和关注,并对艺术作品的形式、主题和定位提出建议,以推动公共艺术的发展。参加这类活动可以帮助艺术家及规划者对社区多样性及独特性有更深的认识,进而对艺术项目进行更准确的设计规划。

社区参与有很多途径,如问卷调查,小组研讨和实地考察等形式。在社区中开展多种形式的艺术活动,既有助于提高居民对公共艺术的了解与参与度,又是改善居民生活质量的一种方式。在具体的艺术项目或者作品中,居民可通过填写调查问卷或者参与小组讨论等方式表达意见并进行评估。以此为基础,艺术家或规划工作者也可以依据居民的意见来进行相关的创作。艺术家及规划者能够规划及执行参观考察活动,引导本地居民在他市探索公共艺术项目,借鉴他区经验及启发。

社区参与对城市公共艺术项目起着关键作用,因其可以调动居民参与的积极性与创造力。社区内艺术家通过关注环境资源、历史传统和地方生活方式等开展创作活动并以此为基础服务大众。社区的多样性与需求在其主动参与下,不仅促进艺术作品质量、可持续性与社会效益的提高,而且给社区发展带来新生机。所以社区参与在城市公共艺术的发展进程中必不可少。城市公共艺术在社区参与的推动下,能够较好地融入社区居民生活中,并成为城市文化中不可缺少的一个重要因素。

5.2　社区创新的驱动力与限制因素

社区这种新型空间形态和生活方式具有开放性、多元性及动态化的特点。社区创新驱动与约束因素纷繁复杂,需兼顾社区内、外诸多要素。对社区创新在不同层次上进行讨论,十分必要。社区创新面临的障碍主要表现在有效组织结构缺失、资金短缺、人才匮乏,公众参与不充分、信息不对称、利益分配不均衡等方面。

社区创新与进步的关键动力是满足社区居民的需要与期待,这是必不可少的。近些年来,国内很多城市在社区建设进程中开始重视公共艺术的运用,以期达到传承与弘扬传统文化、提升人民群众精神生活质量的目的。社区居民对改善社区环境、提高生活品质、丰富社区文化生活有着强烈的愿望,为此引导和激励其积极投身公共艺术项目中,充分发挥其主观能动性非常必要。在城市建设飞速发展的进程中,社区居民对于物质方面的需求逐步增加,而精神层次则比较低下。他们迫切希望能积极地参与到社区创新活动中去,解决现实中存在的问题,满足个体与团体的需要,以便共同创造更美好的社区生活环境。

社区居民在社区创新过程中是主动参与者而不是被动接纳者。他们既有共同参与社区创新的激情,也有各自的思考与需要。他们的热情参与、真诚反馈、基于生活实践的意见建议等都为社区创新提供了有价值的思想资源,进而产生持续推进社区前进的巨大力量。社区成员在交流互动中能够让他们的思维更丰富,眼界更宽广,进而更善于认识问题,及时发现新事物、新需求。他们的主动参与在提升项目成功率与社区满意度的同时,也为每一次社区创新活动赋予了更深的含义与更多的价值。

所以,要激发社区创新活力,就要充分理解与尊重社区居民需求与期待,引导与支持居民更深一步参与到社区公共事务与创新实践中去,激发居民创造力与创新精神。要推动社区发展与进步,就必须主动搜集并落实居民的反馈与建议,使之变成有实际影响的行为,以促进社区创新作为改善社区生活、提高社区品质。

社区具有的资源与能力无疑是社区创新必不可少的动力来源。从社区外来看,政府、企业、大学及科研机构等都是社区创新的主要依托。社区内各类组织、机构及个人具有的知识,独特的技能及丰富的经验等是不容忽视的创新资本,给社区发展带来持续的生机。社区内各种社会团体、企业以及其他社会主体,都同样拥有很强的创新力与创造力。他们的参与与存在,不仅对社区创新活动给予了强有力的支持与帮助,而且给多元化、充满活力的创新进程带来了新的生机。

通过多种形式的社区创新活动,促进社区整体创新体系建设与发展,以达到以人为本之目的。社区居民通过此类活动的组织与开展,不仅在技能与知识上得到提高,而且还树立了以分享与协作为中心的社区文化,由此,使社区创新活动在深度与广度上都有进一步提高。

另外,社区物质资源包括可用空间、设施乃至各类材料,这些资源为创新活动的开展提供了所需的基本条件。所以社区内的创新活动要求对这些物质资源给予足够的关注和充分利用。通过对这些物质资源的合理运用,才能使社区创新活动开展得更顺利,也才能促进创新活动成效与影响的扩大。所以充分发掘与利用社区内资源与能力是推动社区创新活动取得成功的关键要素。在我国目前城市社会经济飞速发展的大环境中,社区创新活动逐渐引起了政府、企业和居民等各方面的重视。社区创新活动要想顺利进行与开展,就必须对人力资源与物质资源进行充分的利用与管理,并把它们作为一种重要资本来对待。

社区创新的推动离不开政府强有力的扶持与精准引导。在实践层面,政府可制定面向社区发展与创新的相关政策与计划,给予必要的经费支持与专业指导,鼓励与引导社区居民主动参与到公共艺术项目中去,形成基于社区的创新解决方案。

社区创新需要稳定的资源环境,这就要求政府的介入与扶持,而这一扶持既表现为经费问题,也表现为政策扶持与法规保障问题。政府应在组织机构,法律体系和信息平台上全方位地服务社区创新。政府的主动参与与大力扶持为社区创新持续、深入推进注入强大动力。

社区创新过程中政府发挥着构建框架、促进协调等作用。社会资本理论作为一种新的治理模式给我们认识社区创新带来了新的观点与方法。为了给社区创新搭建有效平台并提供强有力保障,就必须对各方进行资源整合并对相关方进行利益协调,才能发挥最佳作用。社区创新主导力量——政府的角色定位通过和其他主体的合作关系完成。通过这一作用,社区创新就会更顺利地进行,也就保证了社区创新实践的质量与效果。

所以,社区创新离不开政府的作用与功能。政府在社区创新中应发挥导向、协调、激励、服务功能。通过及时的政策引导与必要的扶持,给社区创新带来更大的生机与活力,进而促进社区艺术创新活动走向更高层次。

社区要创新,必须依靠社会文化环境的支持与促进。社会文化价值观是社会意识的一种,对人们从事社区创新活动的价值取向、行为模式和成果都有直接的影响。社区创新深受社会文化价值观影响,形塑着民众的思维模式、行为规范与创新心态。

创新能力已经成为西方发达国家的一种风向标,许多人们对创新的理解和他所处在的社会息息相关。在良好的文化背景下,社区的居民就会更愿意参加到创新活动中,为社区的发展尽一份自己的绵薄之力。

社区创新主题与取向深受社会文化价值观影响。不同社会文化背景中形成的价值取向,将使得人们对技术创新活动的选择和执行存在着显著的差异。不同社会文化背景中,人们对创新的关注表现出多样化差异。在西方发达国家,社会文化价值观对创新具有显著的影响。在某些社会中,科技创新和经济发展备受关注,而在其他社会中,社会创新和文化发展则备受重视。与此同时,对科技创新的重视也受到传统思维模式和社会舆论的冲击。社区创新在定位及发展方向上都将受文化差异影响,而这一差异将对社区创新产生深远影响。为此,社区建设要尊重社会文化价值观选择,融入社区整体创新体系。要取得社区居民的拥护与认同,就必须使社区创新主题与取向与社会文化价值观相契合,才能保证社区被社会普遍接受与尊重。

另外,社区居民在行为模式与合作方式上也深受社会文化环境形塑。在一定社会文化背景中,民众更加注重集体主义与协作精神,热衷参与创新共同工程,对社区利益作出贡献等。此外,社会经济环境还影响社区成员的交往,从而决定社区中个体合作关系类型。在这种环境中,社区居民更加愿意合作、协调与分享,从而构建良好的社区合作网络来共同推动创新实践。

目前我国社区居民创新活动感知水平普遍较低。特定社会文化背景中人们对新兴事物持保守态度,对可能出现的风险与不确定性心存忧虑,对未来创新持疑虑。与此同时,受传统思维方式影响与限制,社区居民创新意识不足,使其不愿自主创新。在此文化背景之下，社区创新受到制约，社区居民对参与创新活动的积极性与热情比较低下。破解这一困境需要推动社会文化环境发生变革，培育社区居民的创新感知与认同感，激发社区居民大胆尝试与创新。

社区在实践过程中可通过一系列举措来营造利于创新的社会文化氛围。其中，以创造鼓励创新文化氛围最为重要。通过广泛开展宣传、教育等活动，增进居民对创新的了解与认识，进而推动创新发展。社区内设立创新主题图书馆或资料室等，开展各项服务，如组织创新论坛、演讲、培训课程等活动，约请著名专家学者、成功案例分享者等，为广大人民群众介绍创新理念、创新方法、创新经验，促进创新发展。基于此，社区也可举办各种竞赛或者展览，让大众有机会参与到创新实践中。社区居民可通过广泛宣传、教育等方式深入了解创新的意义与价值，以激发居民强烈的创新兴趣。

社区应积极促进和支持居民参与创新实践与项目，激发其创造力与创新精神。政府应发挥主导作用，从政策引导和资金扶持两方面推动创新成果向社会普及和应用。为鼓励居民提出创新的思路与方案，社区可设立一整套奖励机制进行相应的奖励与肯定。政府还应通过政策引导和鼓励居民主动参与创新活动。社区既能提供资源与支撑，又能帮助居民把创新理念变成实际行动，进而推动创新项目落地开发。

此外，社区可促进居民之间的协作与共享，以创造一个开放、包容的创新氛围。社区可通过搭建共享平台与社交网络来促进居民间的交往与合作，进而加强相互间的接触与交往。在资源、知识与技能共享的推动下，居民之间可以互相学习与启发，进而共同创造与创新。

社区作为文化的交流之地，既能促进文化创新与艺术表达，又能给社会文化环境添加多彩的内容。同时社区也是培养艺术人才的摇篮。社区可以规划和组织多样化的艺术展览和文化活动，还可以制定艺术家常驻计划等，让居民有机会参与艺术创作与表现。另外，艺术与文化交流有利于增进居民间的相互了解，促进居民对城市生活的认同。丰富社区文化内涵，激发居民创造力与创新思维，均可借助艺术与文化创新来完成。

社区可与有关机构、组织结成密切合作伙伴，携手促进社区创新发展。社区可联合高等院校、研究机构、企业等进行创新性项目，以达到资源及专业知识上的分享和沟通。社区内产学研合作不仅可以将科研成果快速转化为生产力，还可以有效提升社会服务能力的提高和城市建设的发展。社区在与外部力量合作中能够提高其创新能力及水平以获取更大支持及资源。

社区创新能否取得成功主要取决于社会文化环境是否优质。良好的社会文化背景为社区创新提供了条件。社区可通过宣传教育,激励居民参与社区创新,推动合作共享及与外部机构协作等多种方式营造有利于创新发展的社会文化氛围。另外,政府也需要从政策方面大力扶持,这样才能更好促进我国城市社区建设与社区创新活动。这样才会给社区创新带来更宽广的空间与更充分的支撑,进而促进其进步发展。

5.3 创新社区艺术案例分析

从社区角度来看,城市公共艺术创作实践不仅能给社区居民提供艺术享受,还能激发其创造力与凝聚力。所以,为更好地适应社会大众对文化艺术方面的要求,就需要积极地发挥社区的功能,并不断促进其发展。通过几个富有创新意义的社区艺术案例的深入剖析,将展示出这一效应。

坐落在墨尔本中心的一条巷子叫涂鸦巷(图 5-2)。这是一个社区艺术项目,它因别出心裁的涂鸦艺术闻名于世。街区内有很多不同风格、各具特色的画廊和工作室,它们都与社区文化息息相关。这一方案最初的目的是把这条普通而又不起眼的巷子,改造成充满生命活力与思想的社区艺术空间。这里涂鸦墙数量众多,满墙都是涂鸦画、海报等印刷品,这些印刷品用不同的色彩与造型展现街头生活中的各个方面,比如涂鸦、涂鸦音乐、涂鸦摄影等等。艺术家将他们的思想挥洒于墙面之上,创造了一系列个性鲜明的涂鸦作品来表达个人见解与艺术风格。这些涂鸦作品摆放在街道两旁的公共区域内,以吸引公众观看。这一方案不仅使居民与游客有机会欣赏艺术,而且还标志着社区居民的自豪感与认同。涂鸦巷的成功说明社区艺术能树立社区形象,启发居民创造力,推动社区发展。

北京 798 艺术区(图 5-3)是知名社区艺术案例之一。该艺术区以北京市中轴线为中心，原为废弃工业区，在艺术家与文化机构积极争取下，改造成为集艺术展览、工作室、咖啡馆等功能于一身的艺术社区。艺术家在此创作并展出自己的作品，吸引着众多艺术爱好者与参观者。798艺术区通过艺术与社区相结合，在提升社区形象及吸引力的同时也成为文化创意产业集聚地，给社区带来经济效益及就业机会。艺术区中艺术展览、音乐演出、文化活动以及其他丰富多彩的文化项目，吸引着众多观众与参与者，使得该社区成为文化交流与艺术创作的重点区域。另外，798艺术区也让本地居民有机会参加艺术活动，提升社区居民文化素养及创造力。

图5-2　墨尔本的涂鸦巷

图5-3　北京的798艺术区

英国伦敦的艺术街头(Leake Street)（图5-4）是一个地下通道，艺术家们用它来创作涂鸦艺术。该项目给艺术家提供自由创造的场所，也是吸引旅游者的名胜，给社区带来经济收益与社会活力。

上海泰康路创意街区（图5-5）是以设计与创意为主的社区项目。街区内聚集着众多设计师、艺术家以及文化创意机构。该项目在推动设计与创意产业发展的同时，还能给社区居民提供大量文化体验与就业机会。

图 5-4　英国伦敦的艺术街头

图 5-5　上海泰康路创意街区

　　这些富有创意的社区艺术案例之所以能够取得成功，是社区居民与艺术家密切合作、政府及有关机构扶持与投入的结果。社区居民参与与投资是促进社区艺术发展最关键的因素，其思想与理念给工程带来了丰富多彩的意义。政府及有关机构的扶持与投入则为艺术活动提供基础设施，营造社区艺术创新与发展的良好环境。

　　在社区居民与艺术家共同努力下，社区艺术既能改善社区环境、提升社区凝聚力与认同感、又能激发创造力、推动社区发展。富有新意的社区艺术案例在给人们带来美的享受的同时，还给社区带来经济发展、社会繁荣以及文化多样性。

第六章

城市公共艺术的创意实践：
城市规划视角

6.1 公共艺术在城市规划中的角色

城市公共艺术对城市规划起着关键性作用,不仅给城市带来美感与文化内涵,还能形塑城市身份认同与社会联系,进而给城市发展带来生机。所以,在规划和建设中应注重城市公共艺术的作用。公共艺术对城市规划的影响是多重的,其中有但不仅仅局限于如下几种功能。

改善城市形象与景观品质的有效手段之一就是借助公共艺术。公共艺术作为一种综合性文化现象,通过不同表现形式传递着一个区域的精神气质和人文关怀。城市空间布局与环境氛围通过对艺术作品的精巧布置与创意设计而得以完善,进而增强其美学价值与魅力。同时,公共艺术也可以丰富城市居民生活内容和提升居民生活品质。艺术品,如雕塑、壁画、喷泉等,都对城市起到标志性作用,给城市增添了一种独特的魅力。城市的生机与创意都能在公共艺术存在下充分体现出来,进而提高城市形象与质量。

公共艺术作为一个城市所特有的魅力,因其布局精巧、设计别出心裁而对城市形象与景观品质的提升起着关键作用。城市里无处不在的艺术品,正是公共艺术对现代城市建设最为直观地反映。雕塑、壁画、喷泉等多元化的艺术形式渗透到城市的各个角落,从而改善了城市的空间布局和环境氛围,为城市注入了活力。公共艺术创作是众多优秀城市公园中最具代表性的一个方面。每一个艺术作品都淋漓尽致地展现着城市的历史、文化、价值观以及生活方式,它们犹如城市的符号,是吸引游客与居民的特殊因素。

公共艺术既是城市的点缀,又是城市精神和城市文化的表现。它通过形式各异、风格各异的艺术作品,表现出城市所蕴含的文化内涵和人文气息,以一种独特的方式向人们传达着一种美的情感。在忙碌的都市生活里,它给人提供了发现美、感知美的契机,也有助于人们在嘈杂的城市里找到安静与思考的空间。所以在城市建设中要注重公共艺术应用。公共艺术就像一座城市的灵魂,给城市的空间与环境注入人情味，让它更有生命力。

随着城市规划设计的深入，公共艺术的作用与地位越来越突出。公共艺术作为城市生活中的组成部分，是人类社会文明进步的标志。把艺术作品有机地融入城市环境中，既能提高城市审美价值，又能增进社区间的交往，进而提高社区凝聚力、向心力。笔者在分析国内外优秀实例的基础上，归纳了不同公共艺术设计类型的特征和规律。公共艺术之所以具有魅力，是因为其可以激发人的创新思维与艺术创造力，进而促进城市文化多元化与繁荣发展。所以，公共艺术既是提升城市形象与景观品质的利器，也是城市发展的主要动力，同时还是激发城市活力、增进社区互动、形塑城市文化、改善居民生活品质等方面的重要手段。

公共艺术的运用能够增强城市的实用性与可持续性，进而给城市发展带来全新的生机。公共艺术创作就是把人作为创作对象并经过自然材料加工改造的作品形态。把艺术作品纳入城市基础设施与公共空间中，使之既具有实用功能又具有艺术性。所以，公共艺术设计对于现代城市规划和建设具有十分重要的意义。公共广场中的艺术设施既可以供人休闲、集聚，又能起到遮阴、美化城市景观的作用。公共艺术品对城市环境品质的改善具有举足轻重的作用。另外，通过公共艺术利用环保材料、可再生能源以及其他创新手段也能达到城市可持续发展的目标。

公共艺术的出现以它特有的吸引力与功能性给城市带来显著的实用性与可持续性。作为一种特殊形态的设计手法，它在城市中有着重要意义。它既是视觉享受，也是城市基础设施与公共空间有机结合的实用要素。公共艺术从自然环境、人文环境、历史文化资源等方面进行发掘和运用，反映了城市独特的人文气质以及精神内涵。把艺术作品有机地融入城市环境中，既能营造一个优美而实用的公共空间，又能增强城市实用性、功能性。

以公共广场上的艺术品为例，一件艺术品在给城市空间增加艺术气息的同时，也可以作为人们休闲、交流、聚会的地方，是城市社交生活中不可忽视的一部分。艺术装置的设置一定程度地满足了居民的精神文化需求，丰富了居民的日常生活，改善了城市居民的生活品质。另外，艺术装置设计时应充分考虑环境因素，应具备提供遮阴、改善微气候、提高生物多样性、美化景观、提高城市生活品质的作用。

重庆来福士又称"朝天扬帆"（图6-1），该建筑群矗立在嘉陵江路口，屹立于长江与嘉陵江之间，已成为重庆市地标性建筑之一。

图 6-1　重庆来福士（朝天扬帆）

朝天扬帆建筑群是摩西·萨夫迪设计完成的。该建筑群由八栋大楼构成，整体形成扬帆起航的"帆"的模样。象征着人民搭上了当年改革开放政策的大船，是一个具有时代意义的建筑，它不只是重庆传统航海文化的代表，也是重庆繁荣昌盛的象征。每当夜幕降临时，这里便会吸引很多游客前来欣赏灯光秀。

重庆的自然地理环境和人文历史为朝天扬帆的设计提供了灵感。该建筑把船舶航行过程中所受到的波浪力变成电能存储于电池内，达到了节能环保的目的。素有山城之称的重庆以其弯弯曲曲的江河、峻峭的山峰给航运业带来了得天独厚的条件。重庆作为长江上游重要的港口与交通枢纽，承载了丰厚的航海历史与文化底蕴，是不可缺少的城市。

总体来说，朝天扬帆作为一种重要的公共艺术建筑，独特的设计与深刻的象征意义使得它成为重庆市重要的标志。

公共艺术通过融入环保元素给城市可持续发展带来巨大动力。公共艺术设计这一文化活动有着广泛的社会影响力，在给大众提供展示自己的舞台同时，也给人们的生活环境带来积极影响。艺术家可以利用环保材料、绿色设计、可再生能源等各种手段创作出满足可持续性原则要求的艺术作品。将环保内容融入公共艺术可以使环境和文化的关系更为紧密。以水为动力的艺术装置不仅可以呈现无穷的艺术创作潜力，还能传达可持续发展的概念，并引导大众重视与参与环保行动。

总体而言，公共艺术因其特有的艺术价值与功能不仅能给城市空间带来丰富多样的元素、改善城市品质，而且对促进城市可持续发展与环保行动起着关键作用。

普及公共艺术既能增进城市间的联系又能调动社区居民参与的积极性。在城市空间中，居民可以借助公共艺术作品来表达其对周围环境和自身生活质量的看法，进而增强其对城市的总体印象。社区居民可借由公共艺术作品的设计与创造来提升其城市认同感与参与感。另外，公共艺术还可以给人们提供很好的交流平台。就城市规划而言，公共艺术项目可采取社区会议、工作坊及讨论会等不同形式，邀请居民积极参与艺术作品设计及选址工作，从而保证作品完美贴合社区需要及文化特点。与此同时，还可运用多种途径对公共艺术创作成果进行宣传与普及，为居民了解城市历史与发展状况提供契机。公共艺术作品的出现既能刺激居民间的沟通与互动，又能增强社区凝聚力与社会联系，进而给社区发展带来新的生机与动力。

公共艺术是城市生命之源，在很大程度上促进城市社会联系加深，社区居民参与热情高涨。在多元文化共存的今天，如何借助公共艺术作品提升社区凝聚力与认同感已是当代城市规划需要解决的问题之一。公共艺术以其多元化、包容性强的特点，让不同背景、不同文化的居民有机会进行沟通与互动，进而加强社区凝聚力与归属感。

在艺术作品构思、选址、创作等环节上，既要艺术家们有独特的眼光与审美，又要社区居民主动参与和回馈。在艺术创作中，社区居民经常提出问题，与艺术家对话和沟通，使艺术家从中得到启发。社区居民在参与社区活动过程中，有机会表达自己对于社区的认知与期待，进而提升其对城市与社区的认同与参与。公共艺术对社区的建设和发展起到了越来越大的影响。公共艺术项目通过组织社区会议、工作坊、讨论会等形式，推动居民直接参与艺术作品设计与选址工作，以保证作品展现社区独特特征，反映居民需求与文化价值。

另外，公共艺术作品给人与人之间的沟通与交往搭建了舞台。通过公共艺术创作活动，艺术家可以在一定程度上满足居民对于物质生活以及精神文化方面的需求，并使其感受到城市发展带来的变化。艺术作品的出现引起居民间的交往与沟通，启发居民从新的角度对所居住的社区进行探索与鉴赏。所以公共艺术创作和公众关系非常密切，可以给社区注入新的活力。雕塑、壁画或者装置艺术都可以作为人与人之间思想交流和故事分享的介质，提升社区凝聚力和社会联系。公共艺术对于促进社区参与，刺激人与人之间的沟通与互动起着举足轻重的作用，它既丰富着城市文化生活又提高着城市社会价值，还有利于强化社区联系，提高居民归属感与参与感。

公共艺术可以促进城市教育与文化繁荣，为城市形象增光添彩，是表现城市特色的一种重要方式。艺术作品起到中介作用，在文化传承与教育之间搭建了桥梁。每一件艺术作品都受到了经济、社会、政治的影响，可以说是一个城市小小的缩影。

这种特殊的空间形式会在不知不觉中潜移默化地影响城市居民。

为纪念中国近代史上为革命而牺牲的英雄,在中国北京天安门广场中心地带修建了人民英雄纪念碑(图6-2)。

图6-2　人民英雄纪念碑

1958年,人民英雄纪念碑建成,纪念碑用青白色花岗岩和大理石建成,37.94米高。碑身下部为一巨大的青铜基座,四周刻有精美浮雕图案。石碑呈方柱形,顶部饰以华丽花篮。

碑的正面刻有毛泽东的题词"人民英雄永垂不朽"八个大字;背面是毛泽东起草,周恩来题写的碑文"三个永垂不朽"。

人民英雄纪念碑碑座四周的浮雕(图6-3),记述着中国人民自1839年以来的奋斗历程,包括虎门销烟、金田起义、武昌起义、五四运动、五卅运动、南昌起义、抗日游击战、胜利渡长江·解放全中国。

图6-3　人民英雄纪念碑碑座四周的浮雕

人民英雄纪念碑每年都会吸引大量的游客到此瞻仰，缅怀先烈。它是中国历史的一个重要纪念，兼顾了纪念意义和艺术价值，是我们对英雄人物最崇高的敬意的象征。

将公共艺术与城市规划相结合，既给城市注入独特视觉美感，又给教育文化的蓬勃发展提供丰富机遇。公共艺术在一定意义上是一个国家和地区精神文明的象征，起着文化传承与教育的作用。这些作品反映了一座城市的文明程度，也集中体现了一个民族的精神气质。它用沉默的语言讲述着这座城市的过去，彰显着这座城市文化的魅力。

公共艺术作品的精心设计与布局是城市规划师与艺术家向大众展示城市的文化遗产与历史故事的途径。近些年来，一些有代表意义的城市雕塑、壁画已成为彰显城市魅力强有力的载体。这些名家名作不仅为我们提供了一个接触艺术与历史的平台，更重要的是，它们对传承城市的独特魅力和精神内涵起到了至关重要的作用。当代，城市公共艺术创作已成为人们日常生活的组成部分。在城市里，雕塑、壁画或者公共设施等艺术形式常常是城市特有历史文化的标志，也是城市文化的重要内容。

公共艺术给居民和游客提供了一个很大的契机，既可以让他们感受城市文化内涵，也可以调动他们积极参与艺术创作。公共艺术不仅可以刺激地方文化，还可以为居民提供学习交流的平台，最终推动文化的创新发展。

公共艺术对城市规划所起的作用远远不止美化环境、提升城市形象那么简单，其存在本身也是一种宣传教育，更是对城市文化、历史的鲜活注解，是城市教育文化发展的主要动力，给城市文化内涵带来新生机，促进城市教育文化发展。

公共艺术对城市规划有着教育与文化传承双重作用，给城市发展繁荣带来新生机。艺术作品作为城市历史文化的代表，呈现出城市特有的文化传承和价值观念，为城市的发展作出了重要贡献。同时，它又是城市精神与意象的承载者，给城市居民提供了可感知的场所。通过艺术作品的呈现与诠释，使城市的历史背景、文化传统与社会价值能被居民与游客深刻了解，进而增进其认同感。

就城市规划而言，公共艺术所具有的重要功能不仅表现为它所具有的教育功能与文化传承，还表现为它对城市文化建设与社会进步所起到的促进作用。公共艺术以一种情感影响的方式表现城市拥有的意义与内涵，并将其融入人民群众的生活中。公共艺术设计作为视觉形象与象征，承载着社会生活与精神内涵的表达。城市的历史与文化通过艺术作品被独特地展现出来，它们成为城市文化遗产与价值的一个独特展现窗口。

展现与诠释公共艺术不仅可以启发居民与游客对于城市历史背景、文化传统与社会价值等方面的理解,还能通过它所蕴含的深厚艺术内涵与文化象征引发人们的思考。在中国城市化进程不断加快和城市面貌快速变化的今天,城市公共艺术是衡量城市形象的主要指标之一,逐渐引起社会各界的高度重视。在艺术作品的鉴赏与理解过程中,每一个人都会有机会从自己的体验与认识中去挖掘与领悟城市独特的魅力与个性,这样不仅会加深人们对于城市的认同,还会增进城市和人之间更深的感情交流。

公共艺术正以它特有的方式打开着城市历史、文化与价值观之门,给人带来直观感知的契机。伴随着我国城市化进程的加快以及经济的迅速发展,人们对于城市建设的重视程度也在不断提高,尤其是对城市公共艺术作品更加关注。在鉴赏与感悟艺术的同时,既能体会这座城市的过去与现在,又能体会这座城市未来发展的无限可能。公共艺术标志着一个国家和地区的文明程度,是城市经济实力和社会进步的重要尺度之一。公共艺术通过启发我们想象力与创造力的方式,带领我们对城市发展方向与价值追求进行深度思考与探究,更好地服务于城市繁荣与人们的生活。

公共艺术可以通过展览、文化活动和教育项目将艺术知识与观念传达给公众,从而实现更加广泛的传播效果。公共艺术作品从其呈现内容来看,既包括传统的美术、摄影、绘画和音乐等各类艺术品,又有一部分新兴的艺术门类。城市规划艺术展览不仅能展现当代艺术发展的趋势以及艺术家们的创作思路,还能使大众深入了解艺术的多样性与创新性。另外,艺术展览还能帮助人们建立正确的审美观念与价值取向,并指导公众从事艺术创作。社区居民可通过参加艺术教育项目而有机会学习艺术技巧,以提高艺术修养。公共空间中各类主题式表演还可作为文化传播的重要工具。

公共艺术是社区资源的重要组成部分,对于"公共"二字,我们可以将其理解为公开的、公众的,它通过组织各种展览、文化活动以及教育项目等方式将艺术的本质与思想传达给大众,从而扩大城市的影响力和感召力。一方面,城市可以通过艺术展览的举办呈现多元化艺术形式并广泛普及公共艺术。同时,艺术展览也是公众接受艺术创作思想的重要方式,向观众传达作品的内涵,使人们产生强烈共鸣。另一方面,居民在看展览中不仅能够感受不同年代人们的生活状态及精神追求,还能够体会到艺术所带来的乐趣。

借助教育项目还能提高社区居民艺术技巧与创作能力，进而推动公共艺术发展。当前，居民幸福指数已成为衡量政府绩效与公共服务的重要指标。社区也可以采用多种形式举办丰富多样的艺术活动。这些方案使民众有机会直接参与艺术创作，激发居民艺术潜能和提高居民艺术修养。另外，也能给社区创造一个好的文化氛围，让居民体会艺术给他们带来的愉悦与惬意。社区居民通过参与创作过程，既能享受艺术所带来的快乐，丰富社区居民精神文化生活，展示积极向上的精神风貌，又能促进其审美能力与创造力的发展。

芝加哥公共艺术集团(Chicago Public Art Group)（图 6-4）自 1971 年以来就活跃在城市环境艺术创作领域，其目的在于通过公共艺术作品的创作和保存来改善城市环境。该集团成员中有许多擅长公共艺术创作的专家和政府官员。在艺术家与社区居民的合作下，他们共同创作了壁画、雕塑等一系列公共艺术作品。在庞大、复杂的现代城市空间中，在遮蔽天际线的摩天楼群之间，夹杂其中的公共艺术，仿佛岩石中绽放的玫瑰，生动地反映了社区的历史、文化和价值。

图 6-4　芝加哥公共艺术集团

公共艺术集团以普及艺术教育为己任，并与学校和社区组织密切合作，开设多样化教育项目及工作坊以指导学生学习公共艺术创作技巧。他们还为社区居民举办展览活动，并在世界各地宣传他们的思想和工作。这些教育计划既促进了学生审美素养的提高与创新思维的发展，又增强了其参与社会的意识与公民责任意识。

从英国伦敦的"第四基座"(Fourth Plinth)（图 6-5）中，我们可以看到一个城市公共艺术教育项目的真实案例。在这里我们能够看到艺术家通过多种方式展示其设计、创作与安装的作品，也能够体会到艺术家对环境与社会问题的重视与责任感。从 1999 年开始，伦敦特拉法尔加广场上的"第四基座"就成了人们展示新公共艺术作品的"舞台"。

图 6-5 "第四基座"

第四基座奖学金(Fourth Plinth Schools Awards)是一项旨在鼓励青少年进行艺术创作的项目。艺术类课程实践性很强,要求学生在网络上展示自己的作品。该项目提供了一套教育资源,包括教师指南以及活动建议,帮助教师深入课堂讨论和探究公共艺术。这一方案的成功之处在于它不仅为大众提供了前沿艺术创作,而且还通过教育项目刺激青年参与并探讨艺术。

公共艺术与文化活动的普及使艺术不再是高高在上的东西,而融入了人们的日常生活之中,给每一个城市居民接触与理解艺术的机会。通过公共艺术创作使公众参与到城市公园、广场、街道空间中,能够加强公众对于环境艺术的感知与了解。这些活动的开展,在丰富城市文化内涵、给城市艺术生态带来新活力的同时,也给艺术创新带来广阔空间。

在城市规划当中,公共艺术的融合需要对多种因素进行综合考量,才能保证规划的全面性与可持续性。其中,最为重要的是要适应城市自然环境和当地居民的生活方式。首先,保证城市历史与环境与其相协调。公共艺术创作应该反映时代的特点,体现社会发展趋势,还要与大众的审美习惯与精神追求相一致。公共艺术作品要与城市建筑风格、景观特色、历史背景等相辅相成,才能保证整体和谐一致。在规划与设计阶段要反映出作品中表现出的观念与想法,让作品为大众所接受。其次,需要密切结合当地居民才能取得最佳成效。公共艺术品一定要与居民文化要求相契合,满足其日常生活精神层面的种种要求。公共艺术项目在设计与决策时,需要充分考虑社区居民对艺术作品的评价与反馈,在运用参与式方法的前提下保证艺术作品可接受与共享。最后,关注大众在公共艺术创作过程中所表现出来的态度与情绪。另外,在对公共艺术进行规划时,一定要考虑艺术作品的可持续性与养护,这样才能保证艺术作品能够长久地保存下去。

总体来说,公共艺术对城市规划的作用不容小觑,它的重要性是显而易见的。公共艺术作品作为一种新型空间形式可以体现人们对生活质量和生活品质的追求。提升城市形象与景观品质,增强其功能性与可持续性,增进其社会联系与社区参与,开展教育与文化传承等均为其可获益之处。公共艺术不只是视觉形式的表达,而是人们对城市精神生活的追求,它向城市居民提供交流情感、休闲娱乐和沟通信息的场所。在城市规划中,要将公共艺术融入城市的各个角落,通过精心的规划设计,将艺术元素有机地融入城市环境之中,创造了生机盎然、文化多样、环境优美的城市景观。公共艺术作品是公共活动的新空间,其传播功能较强,可以满足大众对于美好生活追求的需要。城市公共艺术创意实践目标与愿景的实现需要政府、规划者、艺术家以及社区居民等多方合作,探索创新之路以赋予城市发展新生。

6.2　规划中的创新策略与方法

城市规划中公共艺术与城市环境相融合的关键是要通过创造性实践促进公共艺术的发展。笔者基于城市设计、景观设计以及建筑规划的不同视角,论述如何在城市规划中有效地融入公共艺术,实现城市的可持续发展。城市规划者可通过采取创新的策略与方法来促进公共艺术的兴盛与经营,进而创造出具有活力与独特韵味的城市空间。

一个创新的战略就是要充分运用城市规划的手段与过程,在规划中有机融合公共艺术元素,从而实现较高水平的规划效果。笔者主要探讨了怎样运用公共艺术推动城市规划工作的开展。①城市规划者可为公共艺术规划制定专门指导方针或者政策文件来阐明公共艺术对城市发展的意义与目的,并给出相关规范与指南,以期对城市可持续发展有所裨益。同时也可建立相应的标准,让各个部门达成共识,以增强全社会对于公共艺术的认知与参与程度,营造公众参与的良好环境基础。通过指导公共艺术项目实施来保证与城市规划相协调和可持续,以推动城市文化繁荣和发展。同时,也可出台一系列有关法律、法规以规范公共艺术,使其发挥应有的功能。②城市规划者要将公共艺术充分地融入城市规划的每一个环节,如城市总体规划、详细规划以及建设控制这些关键环节,明确公共艺术的要求与条件,保证公共艺术作品在布局与呈现方式上更加合理。

城市规划作为一个宏观的综合规划过程,给公共艺术带来无数机会与可能,进而推动着公共艺术的发展。要想使这些潜能得到最大程度的挖掘,就必须采取创新策略,只有在城市规划各阶段、各层次中有机融合公共艺术,才能取得最佳成效。城市规划者应构想一个综合策略,包括政策导向清晰与规划工具合理使用两方面才能取得最佳成效。

公共艺术要想繁荣昌盛,必须有清晰的政策引导。公共艺术这一新型社会现象与文化现象要在公共政策的指导下发挥作用。公共艺术对城市发展起着关键作用,所以城市规划者可通过制定特殊的指导方针或者政策文件来明确公共艺术的重要性与目标。公共艺术规划需建立在可持续发展观之上,还应考虑社会公平、尊重本地居民文化需求。公共艺术项目在执行过程中一定要遵守清晰的标准与规范,才能保证政策文件有效。政府应建立一套完整的评估体系来定期对公共艺术规划做出评估,适时调整有关政策,从而推动公共艺术为城市建设提供更好的服务。通过给出指导性规划来保证公共艺术项目开发符合城市规划目标及愿景,以提高项目执行可持续性。

通过树立鲜明的政策导向,充分运用城市规划工具等措施,可以在城市规划中切实融入公共艺术,进而提高其社会价值与实际效果,推动城市美学与文化创新发展。

一个创新的战略就是同艺术家、设计师、文化机构等密切合作,在创意实践中探讨无限的可能性。参与式规划作为一种重要创新策略,能促使居民主动参与到城市规划决策与执行过程中,从而推动城市规划全面与可持续发展。参与式规划呈现出参与性、合作化、开放性和持续性的特点。规划师通过公众会议、工作坊、问卷调查及其他各种形式的活动来主动搜集不同团体的意见建议,以加强规划的透明度及可持续性。公众和规划师对参与式规划形成一种相互理解和信任。实施参与式规划既能保证决策的多样性与民主性,又能增强规划方案的可接受性与执行效果。

要创造更富有创新精神的城市环境就必须超越职能边界,整合艺术家、设计师以及文化机构的力量,共同构成协同的生态系统。在这一过程中,政府、企业以及社会组织等方面也应该参与进来共同推动城市的建设发展。通过构建合作伙伴关系以及分享创新等方式,使这些创新主体所拥有的知识、经验以及创意资源能够有机整合到城市规划之中,进而增强规划的创新性与实效性。

艺术家、设计师们能够从特有的角度、创新技巧等方面吸取城市规划新的启示与解决方法。设计师能够对规划主题进行不同视角的解读，在设计的过程中进行不断的探究，从而赋予作品独特的风格。城市建设的独特性与城市特有的文化息息相关。他们把自己对空间、形式、材料的深刻理解，以及对环境、社会、人的行为的高度认识，融入规划设计之中，为城市创造出具有独特个性和魅力的公共空间和公共建筑。文化机构作为城市规划的文化资源与社区联系的主要平台，在文化传播与艺术实践等方面提供着丰厚的支撑。不可否认的是，在几十年大踏步发展的城市公共艺术中，存在不少鱼目混珠、滥竽充数者，但是，随着时代的进步，大众的审美素养正在迅速提升和培养。机构通过举办展览、活动和教育项目，唤起公众对艺术的浓厚兴趣，从而提升城市的文化氛围和活力。

参与式规划作为一种有效策略，促使社区居民主动参与城市规划决策与执行过程中，从而推动城市发展与社会进步可持续性。参与式规划具有注重公众参与、多部门合作、多方协商等特征。利用公众会议、工作坊、问卷调查等多种方式，收集各方意见建议，增强规划透明度与公信力。居民和专家在这一进程中开展了平等和具有建设性的对话和交流。通过这些对话与沟通，既能促进规划方案的可接受性，提高实施效果，又能使社区居民深切地体会到其对塑造各自城市环境所具有的重要性与深远意义。所以参与式规划被视为是自下而上的发展模式。这种参与感与责任感对促进规划可持续性与提升社会效益起着关键作用。

总的来看，在多元合作、参与式规划的帮助下，可以有效促进城市规划公共艺术的革新及价值的实现，进而营造出集美观、居住于一体的城市环境。

在推动公共艺术实践时，城市规划者可采取一些创新性策略来推动创新发展。一种方法是成立公共艺术设计专业组织机构。一个切实可行的战略就是组织公共艺术竞赛或征集活动来吸引更多的艺术家、设计师加入公共艺术项目，以此来扩大公共艺术影响。这些活动既可以提高大众对公共艺术的理解，又有助于公共艺术作品品质的提升。通过公开征集等形式，可以激发出更多创意与才情，给城市公共艺术带来全新活力与创新。此类活动还可以让大众更深刻地理解设计作品的意义，增强人们对于公共艺术作品的认同。另一种方法是借助先进的互联网平台实现大众进行独立艺术创作与共享。这些先进技术给公共艺术创作带来了新的表现方式，使受众与作品的交互上升到一个新的层次。笔者主要针对数字化时代公共艺术作品互动性设计进行研究。公共艺术在数字技术、虚拟现实以及互动技术的推动下，突破传统物理空间局限，实现与受众更沉浸式的交互，以营造更有沉浸感以及参与性的艺术体验。

运用地理信息系统 GIS(图 6-6)、遥感技术及数据分析工具等,规划师能够对城市现状及未来发展趋势有一个较为全面的认识,使城市规划更加科学、准确。另外,在数字环境下构建数字化地图以创建可视化信息,还可以让规划人员得到更精确的数据从而有效地增强决策能力。虚拟现实技术(VR)和增强现实技术(AR)为规划展示和交流提供了更加直观的方式,从而增强了用户体验和交互性。另外,综合运用多种信息及城市规划的有关知识,可以实现城市问题的分析及预测,有效地提高规划决策的质量。创新科技的运用可以加快规划过程、提高规划效率,给规划师带来更多创新解决方案。

数字时代的城市规划者应充分运用数字化技术来进行公共艺术品的创作、策划与经营。通过城市数据的采集与分析,可以洞察城市居民的诉求与喜好,进而准确定位公共艺术项目选址与题材,为城市文化发展提供强大支撑。城市规划者在进行设计时,可针对公共艺术内容、形式与风格进行调整来满足不同群体的需求。利用先进科技手段能够达到精准控制公共艺术作品灯光与音效的目的,以增强艺术作品视觉与感官体验。同时将数字技术融入城市设计能够让大众更深层次地参与公共艺术的创作过程。另外,城市规划者还可通过社交媒体、在线平台以及其他各种手段与居民、艺术家互动协作,促使其参与公共艺术项目并产生影响。

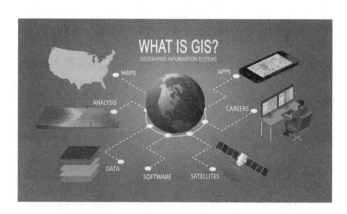

图 6-6 GIS

生态友好设计被认为是城市规划的重要创新策略,可以推动城市可持续发展。它需要把环境问题融入城市规划,从总体上进行全面的考虑,从而达到人与自然的和谐。城市发展进程中一定要重视对自然环境价值的保护,这样才能够保证城市可持续发展。当前,生态友好设计已在国内大部分城市启动。生态友好设计是指采取绿地保留、增加公园与景观区域以及推广可再生能源的方式来降低城市的碳排放与生态破坏。笔者主要论述生态友好设计运用于城市规划设计的方法。通过推行生态友好设计能够促进城市可持续性发展，提高居民生活品质，也能给城市创造一个更怡人、更健康的环境。

生态友好设计从综合生态视角出发，充分考虑了生态系统健康、多样性及复原能力等特点。与此同时，要想较好地协调经济发展和环境保护的关系，就必须建立起一套全面有效的综合系统，对城市建设与生态环境问题进行治理。城市规划过程中可通过各种措施达到生态友好设计目的，如保持并拓展城市绿地、公园及景观区域等，维护与修复生物栖息地、增加城市绿色覆盖率、维护生物多样性。同时，通过现有资源再利用、再生循环和建立新型经济模式，增强城市竞争力。通过改善城市布局与交通结构、减少碳排放与能源消耗、大力推广可再生能源与节能技术等途径来达到城市低碳环保发展的目的。

生态友好设计不但能提升城市环境品质与可持续性，而且能提升居民生活品质与健康。伴随着中国经济和社会的不断发展，人们对生态环境也日益重视。一个生态友好的都市给居民们带来了新鲜的空气、美丽的风景以及多样的生物，让人在忙碌的都市生活中体会到天然的安宁与惬意。所以生态友好设计就是将可持续发展理念运用到城市规划领域的一种表现。生态友好设计既能唤起居民环保意识，又能培育尊重自然、关爱环境的公民精神。

从整体上看，生态友好设计作为旨在实现人与自然和谐共生的设计策略之一，强调了在城市发展进程中对生态系统进行保护与恢复，从而构建可持续、宜居的城市环境。

一个创新的办法就是利用空间上的灵活性来满足日新月异的城市需求。城市规划师能够利用富有弹性的土地规划设计方法把城市空间改造成一个能够灵活调节的多功能区域以满足不同阶段、不同群体的要求。就城市规划而言，灵活的空间组织有助于设计师对将来可能遇到的问题进行更深入的思考，进而提升规划设计质量与效率。同时也能加大对公共开放空间的组织和利用力度而又不影响交通出行。这种灵活多变的空间利用方式有利于促进城市可持续发展和增强适应性，还能满足人们对于活动多样化的需求。

要想达到空间的灵活利用就必须运用各种策略与手段。另一种方法是对建筑物进行重新布局，使其成为具有特定用途的设施。在城市规划设计中，弹性用地作为可塑性土地利用方式可随需求与时间改变而灵活地调整功能与形式。城市可以对某些无关紧要的建筑作适当的改建或再建,成为多功能设施,以适应人们多种生活需要。通常一个公共广场可以看作是休闲与交流的地方,但是当有特殊的活动或者喜庆的日子时,这个广场就有可能会变成举行聚会或者表演的地方。对城市空间功能性与灵活性进行最大化的使用与开发,可以满足多种活动与需要,使城市空间得到最大化的使用与优化。

纽约棚屋酒店(The Shed in New York)(图6-7)在用途上自由度大、变化多。它很可能化身成封闭剧场或开放舞台。在该建筑中,演员通过身体及面部表情控制表演时的运动和姿势,形成舞蹈般的情感。The Shed以其可塑性强,是一种独特的文化象征。

图6-7 纽约棚屋酒店

灵活多样的空间利用不仅能提升城市空间的利用效率与价值,还能提高城市可持续性与适应性,进而给城市可持续发展带来新的生机。灵活多变的空间规划是当代城市规划的发展趋势。通过对城市空间进行优化设计,使得城市空间能够较好地适应多种使用需求,满足不同群体多样化的需求,进而促进城市多样性发展。通过灵活性研究能够给城市规划带来更多的参考意见,让城市规划更能满足人们现实的需求。城市可持续发展通过对空间的灵活利用,避免了过度建设与资源浪费,使城市可持续发展成为可能。

就城市规划而言,其中一个创新性策略就是要致力于文化与历史遗产的保护,从而使其能够被全面地保护与继承。开展城市更新时应充分考虑城市的特点并与之相融合。通过历史建筑、文化景观以及传统手工艺的保护与恢复,能够增强城市的独特性与魅力,让城市散发出更绚丽的光彩。另外,借助文化遗产开展商业开发是重要途径。与地方社区及居民合作，发掘并展现城市文化及历史价值有利于促进文化旅游蓬勃发展，进而给城市带来经济效益及社会效益。

规划者在城市规划实践过程中要面对一系列挑战与限制。其中最关键的有两点。①限制了资金与资源供应。城市规划者可运用多种方式，吸引社会资本介入城市公共艺术项目。公共艺术项目需要相当大的经费与资源投入，涉及艺术品创作、安装与维修等诸多方面。所以，对于城市规划师来说，如何对公共艺术作品进行有效的管理，实现其预期目标就变得尤为重要。为保证公共艺术项目顺利进行，城市规划者有必要在有限预算及资源范围内探索出一些创新性筹资方式，如与私营部门进行合作或寻求政府资助，从而保证项目得以顺利执行。②兼顾利益和权益。城市建设中公共利益和私人利益之间往往存在着矛盾或冲突，使得规划方案无法获得公众的认可。城市规划过程中涉及开发商、居民和政府部门等不同利益相关者的权益矛盾，需要妥善应对。由于规划自身政治性较强，利益矛盾可能造成公众对于公共利益的曲解或抗拒。为保证公共艺术项目与整体规划及发展目标相一致，城市规划者必须积极寻求各方面的支持与参与，在充分交流与磋商的基础上化解利益冲突，得到广泛的认同与支持。

从整体上看，城市规划者对公共艺术创作实践有着举足轻重的作用，是城市发展的主要动力。通过采取创新策略与方法，他们能够推动公共艺术与城市规划多个层面的结合，营造一个充满活力与吸引力的城市空间。

6.3　创新性城市规划案例分析

(1)阿姆斯特丹：自行车友好城市。

阿姆斯特丹(图6-8)被视为自行车友好城市的典范。1970年代，阿姆斯特丹是欧洲有名的"堵城"，如今，这座荷兰城市户均拥有自行车1.91辆，本地居民37%的日常通勤依靠自行车完成，是世界知名的骑行友好城市。阿姆斯特丹建设了数量众多的自行车道、停车设施以及自行车共享系统等,这些都给当地居民提供了一种高效环保的出行方式。这种创新性城市规划在提高居民生活品质的同时,有效地缓解了交通拥堵与空气污染。

荷兰首都阿姆斯特丹素以其自行车文化著称,也是世界上人气最旺的城市之一。这里公共自行车交通系统完善,独特的设计理念及管理方式得到了世界各国同仁的重视和肯定。为提高居民出行效率,改善生活质量,促进环保与可持续发展,城市规划策略重视自行车基础设施开发,其中包括自行车道、自行车桥、自行车停车设施以及自行车交通管理系统。

图 6-8　阿姆斯特丹

阿姆斯特丹城市中,特别设立的一系列自行车通道给公众的骑行提供了安全的保障。自行车桥设计不但完美兼顾了美观与实用,而且对改善城市景观,方便市民跨越河流、运河等起到积极作用。路两旁所设的人行道和机动车道连接构成绿色长廊。在此基础上,阿姆斯特丹又建成了大型自行车停放设施,可以停放成千上万辆自行车,是世界上最大规模的自行车停车场。

为实现更有效的自行车交通管理,阿姆斯特丹推出智能交通管理系统来提高城市交通智能化水平。系统实现了自行车的监测和信息服务,通过采集自行车流量及行程数据并加以分析,系统可实现交通状况预测、信号调整及路线优化等功能,有效地降低交通拥堵及事故发生率。

阿姆斯特丹自行车友好政策除了对提高居民出行效率与生活质量起到积极促进作用外,还对降低汽车排放与改善空气质量起到一定的促进作用。数据表明,阿姆斯特丹自行车出行率为 63%,汽车出行率仅为 22%。

阿姆斯特丹自行车政策促使居民主动参与城市规划与决策过程,进而增强社区凝聚力与活力,给城市持续发展带来新动力。将自行车交通模式引入城市建设,既能提高土地利用效率又能减少汽车的使用,达到绿色和低碳的发展目标。自行车这种经济实惠、方便快速的出行方式使人人都有同等出行机会而不受年龄、性别及经济状况的制约,使社会更加公正包容。

(2)横滨:港区再开发计划。

横滨作为日本重要港口城市曾经面临老旧港区逐渐式微的挑战。为提升城市形象和经济活力,横滨计划对港区进行再开发,如横滨港未来21号(图6-9)的规划。这一港口复兴工程由两个部分组成:一是对老码头进行重新设计;二是建造一条新街。该规划通过创新城市规划,使废弃港区变成集商业、文化及居住等为一体的多元化区域。该规划包括建造一个新商业中心、步行区,并实施了一系列基础设施项目。将现代建筑、公共艺术与绿化空间融合于城市规划之中,建设现代化宜居城市区域。

再开发计划在保持横滨这座港口城市特点的前提下,将现代化元素巧妙融入其中,如高档公寓、现代商业设施以及海滨公园都给这座城市平添几分现代感。这些新建建筑既体现以人为本思想,又与地方自然环境融为一体。该计划把工作、生活与休闲完美地结合在一起,营造出适合人类居住的氛围,也给城市带来新的视觉景观。

图6-9　横滨港未来21号

再开发计划尤其重视绿色及环保设计,如绿地公园的建设、提供可持续发展的绿色空间,这些都对改善城市气候与环境有所帮助。另外,为降低碳排放,再开发计划还积极倡导采用公共交通与步行相结合的方式来促进环境保护与可持续发展。

在空间设计上,再开发计划表现出极高的创新,将原港口设施、工业厂房等巧妙纳入新设计,如把旧仓库变成艺术与商业结合的商城,从而使历史保护与现代化发展完美结合。

(3)卡尔斯鲁厄:可持续发展示范城市。

卡尔斯鲁厄(图6-10)作为德国可持续发展的典范城市之一,因其具有创造性的城市规划在世界范围内享有盛誉。其火车站、地铁系统、公共交通设施也为世界一流。在分散式能源供应、可再生能源利用以及智能城市管理的策略支持下,该市致力于促进能源利用效率的提高以及环境保护。卡尔斯鲁厄在其创新性城市规划的基础上,创造出能源自给的建筑、绿色交通系统以及智能城市基础设施等,为本地居民创造可持续的居住环境。

图6-10 卡尔斯鲁厄

卡尔斯鲁厄在交通规划领域表现出卓越的创新能力,采用了名为卡尔斯鲁厄模式的公共交通系统,实现了有轨电车和火车在同一轨道上运行,大大提高了公共交通效率与便利性,缓解了交通拥堵问题。

卡尔斯鲁厄坚持促进可再生能源开发,在城市能源供应上集成风能、太阳能、生物能等各类能源,从而减少了对化石燃料的依赖,减少了碳排放。

卡尔斯鲁厄以促进生态环保,营造绿色空间为己任,通过增加公园与绿地、建设环保建筑,给城市环境带来更多美好与健康的空间。

卡尔斯鲁厄主张社区居民主动参与城市规划与决策过程以增强社区凝聚力。在环保教育与环保活动宣传下，居民环保意识明显提高。

(4)奥斯陆：车辆限制区。

奥斯陆(图6-11)是一座以可持续交通为目标的城市。为减少车辆拥堵、提高空气质量，奥斯陆推出车辆限制区计划。市中心区域内只有居住在这一地区的居民以及特定准入者才可驾驶车辆驶入。这一创新性城市规划措施通过鼓励居民利用公共交通、步行、骑行等低碳出行方式来营造更加适宜居住的城市环境。

图6-11 奥斯陆

奥斯陆为弥补私人汽车禁令的不足，致力于改善公共交通系统服务的品质与效益。奥斯陆先后改建、扩建城市基础设施，增加投入以扩大公共交通网络，增加更多的专用道和全天候公共交通服务。

(5)索菲亚：公共空间激活计划。

索菲亚(图6-12)市政府启动了名为城市公共空间的复兴的城市规划方案,该方案旨在提高城市公共空间质量,使之更具有活力与吸引力。政府在制定计划时注重增加民众利用公共空间的频率和鼓励公众的参与。政府规定将2/3的园区面积作为公共开放空间,每个公司的建筑密度不得超过30%,其余留作绿化。同时在大楼内增加小的广场,以组织居民参加各类活动。索菲亚由于绿地的增加、街道景观的完善以及公共艺术与文化活动的引进,给居民提供丰富多样的交往与休闲场所。

图6-12 索菲亚

索菲亚市政府对公共空间的规划注重空间多元化与包容性,保证公共空间在各种情景中发挥最大作用。索菲亚先后改建、扩建城市基础设施以满足市民日常游憩与交往的需要,精心设计部分城市广场使之成为适宜举行音乐会、市集及社区活动等的公共空间。

索菲亚本身就是花园城市,公园和广场无处不在。一座城市拥有丰富的历史遗产,当然是极大的幸运,但如何让历史遗产融入城市的发展版图中,成为城市空间的一部分,就是一门很大的学问。索菲亚通过组织形式多样的艺术、文化活动给公共空间带来勃勃生机,让公共空间充满活力。

索菲亚市政府提倡社区居民主动参与到公共空间规划与管理中,从而推动城市空间可持续发展与社区繁荣发展。政府近年来通过各种手段增加了公民参与社区公共事务的机会。通过社区会议、工作坊、在线平台等形式,主动搜集居民意见建议,增强居民参与度与归属感。

政府努力促进公共空间的延续性与整体性,从而保证公共空间对城市发展起着必不可少的作用。近年来,我国政府通过一系列的举措来改善城市环境与基础设施条件,为居民的出行、居住与休闲提供了便利的条件。通过人行道、自行车道、公园等设施的建设与改造,切实提高了公共空间的连续性与舒适性,对城市可持续发展作出了积极的贡献。

(6)汉堡:哈芬城。

哈芬城(图6-13)作为汉堡市创新性城市规划项目,其目标是将一个老旧的工业港区改造成一个现代化的、可持续发展的城市区域,以适应不断变化的城市环境。这一计划将重塑城市形象,使公众生活更加便利。该方案奉行生态友好设计理念、涉及绿色建筑、可再生能源使用和水资源管理等领域。以新和绿为规划主题,营造具有吸引力的生活方式,同时又能满足环境需求。哈芬城通过运用创新性城市规划策略将废弃港区成功转型为集生活、办公、休闲及文化活动为一体的环保城市。

图 6-13　哈芬城

哈芬城最核心的设计理念是集住宅、商业、休闲及文化设施于一身。他们既要考虑建筑自身向公众开放的可能,又要满足公民物质文化生活不断增长的需求,让公民充分享受并自由发展。这一地区设计富有朝气,不论白天黑夜都能满足不同人的需要,还能给当地经济带来新生。

哈芬城无论在规划还是在建设过程中都遵循可持续发展原则,保证了城市生态系统与社会经济长久稳定。一切新建建筑都要按照高效能源利用标准来保证最大限度地使用能源。为降低化石燃料依赖程度,汉堡市政府出台严格环保政策以鼓励清洁能源的利用。另外,为改善城市居民生活品质及环境品质,汉堡市政府哈芬市区内规划出许多公共绿地及开放空间,河畔也建有休闲步行道。

因哈芬城地处易涝区,城市规划时一定要充分考虑防洪、排水等问题,才能保证城市的安全与稳定。针对可能出现的洪水威胁,汉堡市采取了一系列水资源管理创新策略,包括修建抗洪建筑、修建雨水收集系统和复杂排水系统等。

在哈芬城规划建设进程中,居民的主动参与起到关键作用,给城市可持续发展带来持续生机。为确保满足社区需要,确保规划成果能真正为居民服务,政府制定了完善的反馈机制,市政府通过公众咨询会和线上调查等各种途径倾听公众意见和建议。

汉堡市除了促进哈芬城开发外,还积极寻求历史建筑的保护与再利用方法来保障城市可持续发展。如部分老旧仓库改建为公寓、办公场所及文化设施等,既保留了它的历史风貌又增加了这一地区独特的魅力。

(7)雅典:市中心步行区。

为改善城市可持续交通及行人环境,雅典市政府已推行计划,包括市中心步行区规划。在这新工业区里建成了公园式的小区,还更新改造了老工业区。这一方案在市中心区域实行车辆准入限制,而在步行区域以及自行车道的尺度上则有所扩展。构建中心地区绿色街道、完善行人过街设施、提高人行道绿量来降低机动车流量。通过这一创新城市规划举措,雅典创造出更宜居、更友善的城市环境,给市民及游客带来更丰富的文化、商业及休闲体验。

如图6-14所示为雅典市中心步行区。

图6-14　雅典市中心步行区

雅典城市中心步行区建设期间，机动车流量明显下降，空气及噪声污染也有效减轻，城市环境质量显著提高。按照新规划方案的要求，中心步行区主要由自行车道组成，周边还增设了广场公园和学校等公共空间。步行区通过提供给居民更绿色的空间与休闲的场所，进而提升居民生活品质与舒适度。

步行区的崛起给市中心居民带来更多的活动空间，也给当地商户带来良好的生意前景。很多商业项目的起始地点都是在商业区的中心地带，如商铺、咖啡馆、餐厅及文化设施等，焕发出新的活力，给人们提供无限可能。

雅典中心地区蕴藏着丰厚的历史文化底蕴，帕特农神庙、雅典卫城及其他建筑都是这座城市繁荣昌盛的见证者。为了让公众能够更轻松地享受这些文化遗产，政府在原有基础上构建了新的旅游路线。步行区的建设给游人带来了更方便的游览路线，进一步提高了这些文化景点的吸引力。

雅典市政府对步行区进行规划建设时积极提倡居民与商户共同参与并主动征集意见建议，保证步行区设计能完全满足他们的需要。

(8)深圳前海自贸片区。

深圳前海自贸片区是我国改革开放先锋示范区，以建设国际化、现代化经济区为目标。这一区域在今后一段时期将面临一系列的挑战。该自贸片区在策划上，秉持着不断创新的思路与战略，在重视生态环境保护及社区积极参与的前提下，致力于建设具有国际影响力的金融、技术及文化艺术中心。基于此，提出"三核一带二区"空间格局。前海自贸片区规划充分考虑可持续发展，把经济增长和环境保护结合起来，以社区建设为重点，以居民参与为保障，致力于建设宜居、创新、环保的城区。

如图6-15所示为深圳前海自贸片区规划图。

深圳前海自贸片区城市规划表现出高度精细，既强调整体布局又强调细节设计精益求精。在城市规划当中，尤其强调要保护好生态环境，从而提升城市绿化质量与水平；加大交通网络建设力度，完善交通中心设施和提高公共交通服务水平；通过重视建筑美学与人性化设计来提高居民生活品质以实现较高居住体验。

在城市规划中，深圳前海自贸片区充分考虑自身地处珠江口面向南海这一特殊地理位置，全面发掘海洋资源，打造系列滨海休闲及文化设施，

图6-15　深圳前海自贸片区规划图

使城市与海洋和谐共生。

深圳前海自贸片区的规划建设彰显了创新性城市规划理念,通过精细规划打造一个开放型经济高地,推动科技创新、强化公共服务,城市和海洋得到完美结合,以切实推动城市可持续发展。

(9)青岛西海岸新区。

青岛西海岸新区远景目标是建成以海洋为中心,融入现代化、国际化要素的综合城市。规划时尤其重视城市和海洋的有机结合,使海洋资源可持续利用、生态环境得到保护。在城市规划中,体现了人与人、人与自然环境和谐相处的思想。通过建设海洋科技创新中心、海洋文化艺术中心和海洋旅游休闲区,使海洋元素在城市发展各方面有机融合,以促进城市可持续发展。在建筑上,注重功能多样化、体现以人为本、充分利用自然岸线资源开发、一轴三片的空间格局。

该规划明确提出生态优先的思想,生态优先体现了尊重自然、顺应自然、保护自然的思想,并致力于促进绿色发展。在城市建设中,合理开发利用资源,有效调控和整合城市用地,塑造良好生态系统,在积极促进海岸线保护与生态修复的前提下构建起完善的绿色生态系统。

如图 6-16 所示为青岛西海岸新区规划图。

图 6-16 青岛西海岸新区规划图

新区内规划有一整套覆盖海港、铁路、高速公路及机场的海、陆、空全方位交通网络,形成高效、便捷的出行系统。同时,为临港工业的开发打下基础和提供良好的投资环境。尤其值得一提的是青岛胶州湾跨海大桥和青岛胶州国际机场建成后,新区交通便利性、地理位置优势大大增强。

青岛西海岸新区集中发展大数据、人工智能、生物医药等高科技产业,吸引大量企业与人才纷至沓来。该计划强调产学研深度融合,旨在建设一批科研机构与创新平台,形成强大的创新驱动力。

新区规划中城市设施改善与城市环境改善受到了广泛重视,出现了一大批满足居民生活需求的公共服务设施,例如学校、医院等。在建设中应结合本地区的特点,统筹规划与布局,整合与利用已有的资源。在城市空间布局不断优化、城市设计水平不断提高的前提下,成功地创造出怡人舒适的生活环境。

青岛西海岸新区致力于形成一个开放型经济新高地,积极推进同全球经济文化互动交流,吸引海内外投资,促进更深层次的国际合作。

(10)成都天府新区。

成都天府新区是我国西部城市发展的重要示范区,其目标是建设现代化、国际化的创新城市区域。该规划提出了"一心两轴四组团"空间布局结构。在城市规划中,注重以人为本,促使城市和自然环境和谐相处,从而达到可持续发展的目的。建构以中心城为主体、新城为补充的城市形态结构。通过构建公园绿地与生态廊道达到保护与修复自然生态系统的目的,以提高居民生活品质。同时融合田园城市概念,打造宜居宜业生态环境。在城市规划方面,强调创新科技在实践中的运用,从而促进智慧城市发展,向公众提供有效、便捷的公共服务与城市管理。

如图6-17所示为成都天府新区总体规划图。

天府新区坚持以业兴区,积极发展大健康产业,已形成多元化健康产业集群,涉及医药、健康经营、养老和健康旅游。同时通过开展智慧医疗服务、构建医养结合模式以及强化人才培养来提高该地区居民的生活品质。基于此,新区为推动国际医疗创新中心建设不遗余力,着力构建具有全球影响力、规模庞大的健康产业集群。

在新区规划上,尤其强调绿色发展,积极促进生态环保,致力于天府绿道建设,从而打造出持续绿色空间。在新区规划上,既要重视城市和农田、山水的和谐相处,又要积极建设生态文明,从而达到可持续发展。

图6-17　成都天府新区总体规划图

新区规划时强调利用大数据、云计算、物联网等先进信息技术促进智能城市发展，提升城市管理效率和市民生活品质。

新区以把成都建设成为现代化都市为规划目标。新区致力于构建一个开放包容的绿色生态系统，并吸引世界上优秀的公司进驻，致力于打造世界高端商业聚集地。

新区规划中公共服务设施建设受到广泛关注，包括打造国际化学校、先进医疗设备，满足居民多样化生活需求，增强居民幸福感、归属感。

以上真实案例充分反映出创新性城市规划在城市发展与居民生活中产生的积极作用，给城市可持续发展带来新生机。

其中，笔者从不同角度对我国创新城市规划实施中遇到的问题和解决措施进行剖析。展现了城市规划创新思维与策略的关键以及如何通过创新城市规划达成城市可持续发展、改善居民生活品质与强化城市吸引力的目的。体现了目前我国城市规划过程中所存在的问题和不足，并且提出了相关的解决对策，希望能够促进我国城市化进程加快，提升人们的生活品质。为其他城市推动自身的发展与繁荣提供可借鉴的经验与启示。本章从不同角度说明城市规划应用创新思维与策略的必要性。城市规划创新既能适应城市发展需要，又能提高居民生活品质，促进社会、经济、文化繁荣发展。在城市化进程日益加快的大环境中，我国各城市所承受的压力也越来越大，同时也要求我们必须积极改变传统规划理念，用新的理念去探索与研究未来。为此，城市规划者应积极寻求创新思维与战略，并与利益相关者密切协作，为促进城市可持续发展与完善而努力。

第七章

城市公共艺术的未来趋势

7.1 技术发展对公共艺术的影响

　　未来,技术创新与进步在城市公共艺术演变过程中会起到关键作用。这种演变既促进了公共艺术和其他学科之间的互相渗透,又拉近了公共艺术与大众生活的距离。公共艺术以科技为动力,焕发新的生机与活力,开启新时代。笔者主要从技术在艺术形式、艺术内容和艺术功能中的作用三个方面探讨技术对公共艺术的深远影响。

　　(1)数字艺术和互动体验。

　　随着科学技术的飞速发展,数字艺术已渗透公共领域中的每一个角落,并以其特有的艺术表达与体验方式,改变了人们感知世界的方式。影视领域中数字技术的广泛运用,为我们观察、认识当代社会生活提供了一个全新的角度。运用投影、LED屏幕、虚拟现实等尖端科技给受众带来全新的视觉体验与参与方式,给受众带来前所未有的感官享受。这种参与性使观赏者进入沉浸式审美体验。这一参与方式已超越传统艺术的局限,可以说观众已不是被动接受的看客,他们主动地参与进来,和艺术作品互动,由此给艺术作品提供无限可能。

　　数字艺术之所以独特,是因为它能创造出不断变化与发展的视觉效果,艺术作品可以通过数据的实时反馈与用户的输入,实时地呈现新的形式与内容,给受众带来个性化的独特体验。受众作为艺术创作活动的主要参与者,既是作品信息传达的媒介,又成为作品意义建构的必要环节。艺术作品的表现形式与内容之所以能够被形塑,是因为每一位受众都有着各自的选择与行动,这样的艺术体验方式才更具有吸引力,能吸引不同年龄阶段、不同文化背景下的受众加入。

　　数字艺术以其互动性、即时性等特点在公共空间占据一席之地。在互联网技术不断发展的背景下,数字艺术已经深入人们生活中的各个方面,并且渐渐成为现代社会中不可或缺的组成部分。不管是都市的大街小巷,还是博物馆、艺术馆的展示厅,都可以看到数字艺术的身影。数字艺术作品在现代社会中呈现出一种新型视觉媒介形式,它是现代科技与艺术密切结合的结果。它以巧妙的艺术呈现方式吸引着无数受众,在丰富公共空间艺术生活的同时,又使艺术进入人们的日常生活。

数字艺术通过因其特殊的视觉感受及互动方式突破了传统艺术和受众的边界,使艺术进入受众的日常生活,从而大大增强艺术作品的吸引力。

数字艺术博物馆的出现凸显了科学技术在公共艺术领域的重要作用。数字艺术博物馆就是以数字化技术为支持平台,运用先进计算机技术,整合多种艺术元素,创作新艺术品的新型艺术形式。通过现代科技手段的应用,艺术家们可以创造出更多样化、互动性更强的艺术作品,还可以拓展大众对于艺术的感知与参与。数字技术和传统美术结合的结果——虚拟美术馆的出现,就是这种发展趋势的一种表现。这一革新性方式既为未来公共艺术发展开拓了新路径,又为城市文化创新与生机注入新动能。

日本东京的数字艺术博物馆(图7-1)是由森大厦和TeamLab合作创建的,是世界上著名的以数字艺术为主题的博物馆,位于日本东京。博物馆通过先进的投影技术及传感器使整个建筑空间变成一个大型交互式艺术装置从而达到高度交互的目的。通过多种影像、声音和互动效果的呈现,让游客沉浸在数字艺术的视觉冲击中。在博物馆中,观众能够观赏到种类繁多的数字艺术展示,给观众带来丰富的艺术体验。

图7-1　日本东京的数字艺术博物馆

在数字艺术博物馆里,受众已经不是一个静止的欣赏者了,他们与作品的沟通也越来越自由,越来越灵活。通过尖端技术的应用,艺术作品能够依据受众的行为方式与互动方式而发生改变,以呈现全新的艺术感受。受众能从各种感官中感受到作品的内容与风格。一些艺术作品可以通过各种手段(如触摸、声音或者运动)来引起改变,以吸引受众主动参与,并成为艺术创作中的组成部分。在数字媒体环境中,传统艺术和数字媒介的结合发展出一种全新的表现形式,即互动艺术。这种互动性在增强艺术吸引力的同时,给公共艺术带来巨大的生机与活力。

数字艺术博物馆通过科技手段打破传统艺术展示空间的局限,创造沉浸式艺术氛围,给受众带来空前的艺术享受。数字媒体技术发展到今天,给艺术创作和传播带来了一个全新的舞台。通过投影、光影、音乐及动态图像等各种艺术手段的应用,使艺术作品在广阔的空间里自由地呈现与变化,给受众以身临其境之感。同时也把虚拟场景和真实情境有机地结合在一起,向人们展示出一个崭新的艺术世界。这种新的空间艺术形式在给人们带来独特视觉与感官体验的同时,也赋予艺术作品更为深刻的表现内涵。

(2)可持续利用技术的应用。

在技术与社会观念日益演变的今天,可持续性已成为现代设计与艺术创作不可缺少的中心理念之一。在这一形势下,怎样让环境能够得到较好的保护与改善,成为目前设计师的主要任务。在这种情况下,由于可持续利用技术快速发展,公共艺术领域迎来了新的契机与创新。就环境艺术设计而言,利用可再生原材料来创作艺术作品,以文化的形式进行传播,是十分有效的途径。公共艺术作品在运用这些环保技术与材料时,不仅可以营造一种充满美感与内涵的艺术体验,还能传达环保与可持续发展的重要思想,进而给环境保护带来契机。

就公共艺术作品而言,太阳能、风能等可再生能源为之提供稳定、环保的能量支持,进而推动艺术创作可持续发展。同时,公共艺术品自身又是一种特殊的能量来源,可通过多种方式进行转化,例如直接转换成电能或其他形式能源等,从而产生巨大经济效益。可再生能源的利用在减少艺术作品对于传统能源依赖和环境污染的同时也使艺术作品可持续运行,甚至可以无人管理而独立运行,带来长久艺术享受。

在公共艺术的创作中,可持续材料的运用也扮演着不可或缺的角色。当前,越来越多的公共艺术融入了环境意识,给人们带来了更舒适、更健康的生活方式。公共艺术家正利用多种创新环保材料创作令人叹为观止的艺术杰作,包括废弃物料回收再利用、新型材料生物降解等。将可持续材料应用于公共艺术,能够让我们更深刻地认识自然、社会和人三者的关系,认识人与自然和谐相处的思想。这些艺术作品中表现出来的可持续发展理念不仅对降低资源消耗与环境污染起到积极的促进作用,而且还通过生态友好的设计与制作过程向大众展现出它们的价值与意义。

从整体上看,可持续利用技术在公共艺术中的应用给公共艺术带来了新生,在传达艺术美感的同时也彰显出对于环境保护与可持续发展问题的重视;既是传统艺术形式上的传承和发展,也是现代设计理念上的探索和革新。如此全面的艺术实践无疑给公共艺术未来的发展带来了新的发展方向,宣告公共艺术必将向着更环保、更可持续、更人性化的方向继续发展。

Strawpocalypse 装置艺术作品(图7-2)是由艺术家 Von Wong 创作,由168000个废旧塑料吸管组成的设备。塑料吸管再利用时,需经消毒处理,方可再用于艺术品制作。由于吸管轻量化、小型化等特点,目前世界上很少能回收再利用吸管。艺术家 Von Wong 想从设计上采取一些简便、高效的办法将废弃塑料吸管改造成贵重的东西。

图 7-2　Strawpocalypse 装置艺术作品

如图7-3所示为收集材料的过程。

图 7-3　收集材料的过程

(3)虚拟现实和增强现实。

在数字时代的浪潮中,虚拟现实技术(Virtual Reality,VR),又称虚拟实境或灵境技术,和增强现实技术(Augmented Reality,AR),是一种实时的计算摄影机影像的位置及角度并加上相应图像的技术,是一种将真实世界信息和虚拟世界信息无缝集成的新技术。这两种技术不仅改变了我们的生活方式,也对公共艺术的展示方式产生了深远的影响。这些科技使得艺术家可以将自己的作品自由地展现出来,也使得受众可以通过更身临其境、更有交互性的形式来感受艺术作品。

虚拟现实技术通过营造完全虚拟的环境给受众提供新的艺术体验。这一技术使得受众能够在三维空间内自由地运动和观察、能够近距离地享受艺术作品中的每个细节、甚至能够与艺术作品产生交互。借助虚拟现实头盔或者其他装置,受众能够全身心投入艺术作品中,感受艺术创作的魅力。

与虚拟现实技术相比,增强现实技术架起了现实与虚拟的桥梁。该技术将虚拟元素加入真实环境中,从而营造了新奇的视觉与感官体验。受众可在手机、平板电脑或专用眼镜上观看世界,公共艺术作品与虚拟元素完美融合。增强现实技术在给受众带来丰富交互体验的同时,又给艺术家带来更大的创新空间,使艺术家能够用更为新颖、多元化的形式来展现自己的艺术理念。

从整体上看,虚拟现实技术与增强现实技术使公共艺术展示方式发生了革命性改变,既增强了艺术作品的吸引力与参与度,又使艺术体验更加鲜活逼真。此技术的应用无疑会促使公共艺术发展达到一个更高层次。

雨屋(Rain Room)(图7-4)是英国艺术团体兰登国际(Random International)制作的装置艺术作品,采用了传感器与虚拟现实技术。观众可在模拟的雨水环境中散步,但是靠近雨水后传感器将自动关机,这样观众就能在雨中而不被淋湿。这一交互式体验借助虚拟现实技术,营造出奇特的感受。

图7-4　雨屋

续图 7-4

（4）数据艺术与城市智能化。

在数字化、智能化城市环境下，数据艺术应运而生，如一股清流以全新的姿态为我们呈现着城市的节奏与生机。艺术家通过对城市数据的采集、分析和发掘，运用视觉图像、音乐和动画等多种艺术形式把看不见摸不着的数据变成了直观的形象，鲜活的艺术作品使我们对城市有了一个新的感受与认识。

在数据艺术创作过程中，一般都需要进行广泛和深入的数据采集，如交通流量、空气质量、人口分布以及公共服务设施。艺术家们通过细腻的数据分析把繁杂的数据信息抽象成简洁明快的艺术表达，并通过影像、声音或者动态展示的形式让受众直观感受城市的繁华和生机。

伴随着城市智能化进程的不断推进，数据艺术创作空间也得到了更大扩展。智能设备与系统的普遍应用为艺术家们提供了一个实时的动态数据源，使艺术作品可以随着城市状态变化而动态显示出来，较好地体现出城市实时状态与变化趋势。

此外，数据艺术也可以与城市的智能系统进行交互，为城市居民提供更为便利的服务。例如，艺术家们能够通过智能设备制作出能实时更新交通信息的地图，这种地图不但是艺术作品而且还是一种实用的交通工具。

从整体上看，数据艺术不仅丰富了公共艺术表现手段，还使城市智能化具有更多艺术性。将数据艺术和城市智能化结合起来是一种新的发展趋势，下面几个城市的公共艺术案例便是鲜明的说明。

"光影"（Pulse）（图 7-5）位于美国费城迪尔沃思公园（Dilworth Park），是由艺术家珍妮特·埃切尔曼（Janet Echelman）设计的艺术作品。它是从费城历史中得到启发的公共艺术作品,借助数据艺术和城市智能化相结合的方式直观地呈现了费城居民的脉动。

图 7-5 "光影"

"光影"设计理念就是把城市动脉——地铁系统中流动的数据用艺术的形式展现出来。地铁车辆经过地铁站时,实时数据会被抓拍下来,再转换成流动灯光,穿越Dilworth Park 喷泉系统,就像地铁脉搏跳动在园区里。另外,该计划也包含互动系统。公众可通过侦测特定位置的心跳,把心跳变成喷泉的光线及水流的韵律,从而产生强烈的公众参与体验。

"光影"的创新之处在于运用数据艺术和城市智能技术,将看似冷漠的交通数据和个人生理数据转化为生动的视觉体验,让大众能直观感受到城市的律动。它不仅营造出一种新型公共空间,而且将城市公共艺术带入崭新纪元。

(5)社交媒体与共享文化。

社交媒体和共享文化的兴起无疑为城市公共艺术的发展提供了空前的挑战与契机。在数字化渗透的今天,公共艺术受众已不围于现场参与者,而是扩展至虚拟网络世界中,由此艺术传播与交流方式产生深刻变化。

在社交媒体平台的推动下,艺术作品影响力与观众群体都可以被无限放大。人们能够在社交媒体平台上对自己所见所感的公共艺术作品进行共享与传播,从而使得其影响力跨越地理与空间局限,并走进大众视野。与此同时,受众还能在社交媒体平台上与艺术家及城市规划者直接沟通互动,交流自己的经历、观感及建议,为公共艺术创作及策划提供丰富的实时反馈信息,从而能更好地满足大众的期待及需求。

在这种情况之下,公共艺术创作也更加开放与宽容。艺术家与城市规划者们开始更注重受众参与,借助社交媒体平台将受众引入艺术创作与城市规划过程中,让公共艺术真正成为公共,展现共享文化价值。

总体来看,社交媒体和共享文化的崛起对城市公共艺术产生了深刻且正面的影响。它们开辟了公共艺术传播与创造的新途径,使更多的人参与公共艺术鉴赏与创造,丰富公共艺术形式与内容,增强大众对公共艺术的认同与参与。

"雨的创作"(Rainworks)(图7-6)是艺术家派瑞格润·丘奇(Peregrine Church)创作的作品,使用防水涂料在城市街道上创造出具有暗示意义的艺术图案。这些图案只在下雨天才会见到,受众可通过社交媒体将自己找到的图案照片进行分享。

图7-6　"雨的创作"

公共艺术随着时代的变革,由公共变成共享概念。共享艺术给艺术家与受众带来了更多合作与展现的机会,也推动着城市公共艺术不断创新发展。通过共享艺术平台,专业的博物馆复刻技术、灵活的租赁方式、丰富的装裱风格,让广大艺术爱好者低门槛地接触艺术品,真正做到让艺术触手可及。

　　除上述所提及的冲击外,科技的进步也带来大数据分析、人工智能、3D 打印等创新手段,也给公共艺术创作带来更多的可能。艺术家可通过大数据分析了解大众的兴趣与需求,从而创造出更有吸引力与参与程度高的作品。人工智能、机器学习等技术的运用能够帮助艺术家产生创意,给公共艺术带来更多的革新与想象。3D 打印技术能够实现更加复杂且个性化的艺术作品,将公共艺术推向数字化时代。

　　整体来看,技术发展对于城市公共艺术产生了诸多影响,促进艺术创作不断创新与多样化,增强受众参与度与体验感以及拓展作品影响范围与传播途径。伴随着科技的进步,城市公共艺术能够在今后的发展过程中表现出更加丰富的思想与想象,给城市提供更加丰富、有趣的交互艺术体验。

7.2　公共艺术对社会和环境的影响

　　公共艺术对社会与环境的形塑有着广泛而深刻的作用,它对人类文明进步与发展起着重要的支持作用。社区公共空间是城市最主要的构成要素之一,在构建社区公共空间时,需兼顾社区公共空间的文化性和社会性,将公共艺术和社区生活有机地结合起来,形成有机整体。

　　公共艺术作品从社会层面来说,具有引起人的情感共鸣与文化认同,进而提升社会凝聚力与归属感的功能。公共艺术是一种特殊的视觉性符号,它承载了一个国家和地区的精神价值取向、意识形态和传统风俗。艺术作品因其特殊的表现形式传达出深邃的感情与思想,并引起人的思索与对话,形成了特殊的艺术形式。公共艺术是一个艺术感染力强、审美价值高、大众精神生活必不可少的符号系统。它既是一个城市的标志性建筑与标志,也是一个社会价值观与历史记忆的体现,有着深刻的历史意义。与此同时,公共艺术作为一个国家和地区文明的象征,所代表的精神价值也反映出特定时期的审美标准。公共艺术作品往往与社会议题、社会问题密切相关，并通过艺术家的创作来表现与唤起大众对于社会问题的重视与反思，进而促进社会发展与进步。

城市环境由于公共艺术作品的呈现，已经得到积极的改善。公共艺术能丰富市民生活，对市民审美水平具有提升作用，对城市精神文明建设具有推动作用。通过艺术作品审美价值与创意设计能够提高城市形象与质量，进而让城市更具有吸引力与宜居特质。在快速城市化的今天，人们对生活质量有了更高的追求，城市公共艺术作为展示城市形象与精神内涵最主要的手段之一，改善了城市视觉环境，使公共空间呈现更多姿多彩的风貌，给居民及游客以赏心悦目的美好体验。它们给城市创造出独特的艺术氛围及文化空间，并与日常生活及商业环境形成鲜明的对比。公共艺术品在特定时期向特定大众开放，既要满足民众日常活动的需要，又能提供休闲和娱乐的空间。从城市规划、建筑设计等方面综合考虑，公共艺术作品在布局、安排上应与城市建筑风格、环境特点协调一致，从而营造一种和谐整体的效果。

公共艺术在社会评价中起着不可取代的重要作用。与此同时，大众通过对公共艺术创作的参与，认识到公共艺术所蕴含的意义以及它的价值，从公共艺术中得到思想启迪与审美愉悦。艺术家往往把公共艺术作品同当前的社会议题密切结合在一起，并以此为中介对社会问题进行深入的探索和表现。在新媒体技术不断发展的背景下，公共艺术已经逐步由单一艺术形式向多种功能并存的综合文化形态过渡。由公共艺术引起的社会反思与探讨，引起人们对社会问题的普遍关注，也促使大众对社会现象展开深刻反思。在此过程中，公共艺术表现出的社会参与度与批判性为社会变迁与进步提供了独特且强大的动力。

公共艺术塑造并点缀了城市公共空间，且不断深刻地影响并塑造着社会。公共艺术这一文化现象与精神生活方式在社会中产生了深远的影响，也是人类整体进步与发展的最主要动力之一。通过公共艺术镜头可以窥探社会多元性，体味社会错综复杂性，体会社会生机勃勃的不竭动力。

公共艺术作品对于环境保护有显著促进作用，能够有效地促进民众环境保护认知与实践。它可以使大众认识到人类和自然界和谐相处的意义。艺术家们在作品中传达出对自然与环境的深切关注，号召人们主动保护自然资源、减少污染、完善生态系统，从而使人类文明得以持续发展。创造公共艺术作品可借助于可持续利用材料与技术来降低自然资源消耗与环境负面影响。公共艺术由此成为环境教育的重要途径。把环境教育融入艺术作品的呈现与创作中,把环保知识与观念传达给大众,以引起环境问题的重视与思考。公共艺术对社会与环境的形塑有着广泛而深刻的作用,它对人类文明进步与发展起着重要的支持作用。公共艺术是人类生活的一种重要文化现象,它潜移默化地改变了人们生存的方式。这种展示形式既是艺术形式又是增进社会互动与文化交流的舞台,还是社区发展与环境可持续性发展的主要动力。

公共艺术会对城市规划与设计起到关键的作用,是城市必不可少的一部分。城市公共艺术设计作为我国城市化过程中十分必要的一环,是彰显城市形象最重要的因素之一。在城市不断发展变化的过程中,人们对于城市环境提出了越来越严格的要求,因此城市规划者与设计师会越来越重视公共艺术元素的有机融合,以此来实现城市发展的良好效果。公共艺术作品作为城市建设不可或缺的组成部分,不仅能够体现一个城市的历史文脉,还能够满足大众对精神生活的需要。公共艺术作品会和建筑、景观以及城市家具相互结合,共同创造出充满文化内涵和艺术气息的城市空间。将公共艺术有机地融入城市规划中,赋予城市以创新与特有的因素,使城市形象与质量得以提高。

公共艺术在技术的带动下会呈现更加创新与多元化的风貌。科技是人类社会前进的原动力之一,也是公共艺术创作的灵感源泉之一。伴随着科学技术的快速发展,数字艺术、虚拟现实和互动艺术这些新兴媒介形式必将被广泛应用于公共艺术领域。在此背景之下,公共艺术创作人员需要充分认识到新媒体技术给传统艺术带来的冲击。公共艺术作品借助技术,表现出了更鲜活、更多元、更交互的特点。在这些新技术手段的运用之下,艺术品的概念已经有了一些改变。通过增强现实技术的应用,受众可以与艺术作品产生交互,以改变作品外观及表现形式,让作品更具有互动性。另外,也可以借助虚拟空间来表现艺术家们的作品。公共艺术在表达方式上会因为科技和艺术的结合而更加多元化,更富创意。

公共艺术在现代社会更注重可持续性与环境保护来保证自身的可持续性与生态价值。在此背景之下,公共艺术品必将和生态文明息息相关。在环保意识日益增强的今天,公共艺术作品也会越来越突出环保与可持续发展的概念,以此来满足民众对于环境保护越来越高的要求。在城市里我们会发现许多杰出的公共艺术作品。艺术家通过可再生材料、能源节约设计以及环境保护主题等媒介来传达环保意识并引发受众对环境问题更加深入的思考与行动。公共艺术作品会被纳入城市生态系统中,并通过展现自然之美以及脆弱来引起人们对环境保护以及生态平衡等问题的关注。

7.3　对未来公共艺术的展望

城市公共艺术是承载城市文化底蕴与人文精神的一种重要介质。近些年,我国城市发展突飞猛进,城市化过程中存在着许多问题,这些问题和公共艺术有着密切的联系,因此公共艺术这门相对独立的课程逐渐受到人们的关注。放眼未来,不难看出,公共艺术会呈现多元化、互动化、科技化等发展趋势,而且这种发展趋势会越来越明显。

时代在不断变化,多元化艺术表达方式正逐步成为一种主流。公共艺术在此环境中也应运而生并且得到了快速的发展。伴随着社会不断的演变,文化越来越兴盛,人们对于艺术有了越来越深刻的认识与了解。雕塑、壁画、装置艺术乃至街头表演等,其艺术形式都更加多元化与丰富多彩。这就意味着艺术不仅向着大众化发展,而且向着专业化发展,逐渐走向多元和综合。未来的公共艺术将会不囿于传统艺术表现形式,而会融入更多的设计、建筑、技术等要素,形成跨领域的艺术创作。更重要的是这一多元化发展趋势会进一步推动艺术民主化、公众化的进程,使其融入民众的日常生活中。

未来公共艺术还有一个显著特点,就是它具有高互动性。随着传统媒介形式和现代传播手段的结合,新媒体艺术应运而生,给公共艺术创作提出了极大的挑战。伴随着技术的进步,公共艺术在呈现方式与互动方式上都在发生着全面的改变。艺术家可以通过网络传播、数字化平台等方式将自己的作品信息分享给公众,达到资源共享的目的。数字技术、虚拟现实、增强现实等新兴技术的运用给艺术作品以新的感受,让艺术作品在受众的响应与交互中不断发生改变。另外,公共艺术的创作也日益重视大众的主动参与,如社区艺术项目、艺术工作坊等,都能促使大众直接参与艺术创作与共享,进而增强艺术作品的社会参与度与影响力。

公共艺术未来将会向科技化方向发展。在科学技术飞速发展的今天,各类新型媒体与信息技术在艺术领域中得到了广泛的应用。技术的魅力不仅仅是它给艺术创作带来了新的手段与媒介,而且也开辟了一种新的领域与可能,即呈现方式和互动方式的创新。在信息技术快速发展的今天,互联网已成为大众获取各类信息的一个重要途径。数字技术给艺术作品带来虚拟展示与全球分享的机会,进而提升其影响力与普及性。人工智能、大数据等新兴技术的广泛运用会给艺术创作带来新的角度与思想,进而促进艺术的革新与发展。

未来公共艺术将更多关注艺术、社区、环境三者之间的有机结合,使艺术无缝对接生活。人们享受着公共艺术带给人们的审美愉悦之余,还可以感受艺术带给人们的情感冲击,从而产生了全新的社会意识,即人文关怀。艺术作品已超越简单的城市装饰而成为城市空间与社区生活不可缺少的一个重要部分,并能引起社会注意,引导大众展开交流,也能给日常生活平添几分色彩与乐趣。与此同时,艺术作品自身也可作为一种特殊媒介进行信息传递,从而在传播上取得较大影响力。通过对地方特色及社区故事的揭示及表现,把艺术作品融入周边环境及社区生活中去,让大众对所居住城市的文化及历史有更加深刻的了解及感受,进而得到更加丰富的文化体验。

公共艺术作品也会致力于环境保护与可持续发展这一主题。所以,要站在社会文化层面上,对公共艺术采取更开放、更宽容的心态,让公共艺术和人类一起营造一个优美、和谐的生活环境。在人们环保意识日益增强的今天,公共艺术作品会更关注生态保护与可持续发展这一题材,利用环保材料促进绿色艺术繁荣发展。艺术家与设计师们会一起探讨如何利用艺术手段来刺激大众对于环境问题的理解与参与以达到环保与艺术的双重价值。

今后公共艺术会在创新中进一步加深技术与艺术之间的结合,寻求新的艺术表达与体验方式来促进艺术不断的革新与发展。要站在更高层次上考虑如何把艺术纳入社会生活之中,让人体会科技发展所带来的变化和对人生存状态所产生的影响。通过采用虚拟现实、增强现实等前沿技术来创造沉浸式艺术感受;通过利用大数据与人工智能技术来实现个性化艺术创作与推荐,从而满足了不同用户对艺术创作的个性化要求。同时也通过数字媒体实现了与受众的交互,让艺术得到了更好的传播。这些革新不仅能给人们一种新的艺术感受,而且还能突破传统艺术的局限,使更多的人能身临其境地体会艺术的韵味,主动参与艺术创作。

总体上看,公共艺术在未来会呈现多元化、互动化、科技化等发展趋势,并会更深入城市社区空间与生活中,成为促进社会文化与环境可持续发展的重要力量。公共艺术的产生在给人们带来全新交流方式的同时,也给人类生存状态带来深刻改变。

在科学技术快速发展的今天,数字艺术与互动体验已经成为公共艺术发展的主流,给人们带来了更方便、更有效的艺术体验。数字技术给大众带来了一个空前广阔的交互空间,使得艺术创作更加简单与自由。通过虚拟现实、增强现实和人工智能等前沿技术的应用,艺术家们会创作出更多沉浸式,更具有交互性的艺术作品来。同时人们还可以在网络上观赏到艺术家所创造的成果。智能设备的推出给受众以新的感官体验,使其可以融入艺术作品创作。

(1)社区参与,共同营造。

公共艺术发展更注重社区参与与共同创造来推动社会文化繁荣发展。艺术家们将社区规划、历史文化和地方生活习俗融入设计之中,使作品带有明显的地域性特征。艺术家们会与社区居民密切合作,洞察居民的需要和愿望,并在此基础上创造出更接近于社区的艺术作品。与此同时,大众还可能是艺术家们的伙伴或者合作者,共同塑造与界定城市艺术形象。

未来公共艺术领域中,社区主动参与与共同创新是艺术创新与发展的核心动力。艺术和社区的关系已得到根本改变。这一转型强调艺术并不只是艺术家专属的领域,它是一个由全社区居民分享与参与并由此推动社会进步与发展的过程。所以艺术家一定要能了解社区文化,为社区文化的创造服务,这样才能推动城市社会的协调发展。在这一过程中艺术家已经不仅仅是创作者,而是起着主导、协调等作用,艺术家们将深入社区,同当地居民建立联系,一起讨论并决定艺术创作的题材、形式等。

通过社区参与,公共艺术将更能表现出社区文化特色与居民生活中的真情实感,表现出更多元化、更鲜明的艺术形象。在此过程中,大众能够对艺术作品采取一种平等、自由、民主的方式进行处理,使艺术作品获得更宽广的表达空间,使大众有更丰富多元的审美体验。公共艺术创作会以一种参与式形式展现出来,不分年龄、不分性别、不分专业、不分出身,人人都能获得参与的机会,体验到艺术带来的魅力与快乐。

共创过程使大众有机会参与艺术创作,使其对艺术创作过程有深刻的认识,进而提高艺术修养与创造力。在这一模式中,大众能够从中得到丰富和独特的情感,并且通过和艺术家们的交流来分享他们的体验。增强大众欣赏艺术的能力,在激发大众欣赏艺术热情与兴趣的同时,也为促进艺术创新与社区文化发展带来了持续的力量。

所以社区主动参与、共同创作会给公共艺术带来新的生机与活力,也会给社区带来更强大的凝聚力与文化自信,从而为营造更具人文情怀和生活气息的城市环境打下了坚实基础。

(2)可持续发展与重视环境。

公共艺术对解决日益严重的环境问题会起到积极作用。通过可持续材料与科技的应用,艺术家会创造出环保主题的作品来唤起大众对环境保护的重视。通过公共艺术品设计制作,彰显绿色思想,让公共艺术品更具社会价值和经济意义。公共艺术作品对城市生态系统起着不可缺少的作用,对生态功能与环境教育起着重要支撑作用。

公共艺术对引导与启发大众对环保议题的理解与重视有其独特的作用。作为一种特殊形式的环境教育手段,公共艺术在促进公众理解与认同社会价值观方面发挥着不可替代的作用。艺术家们通过鲜明的艺术形象、深刻的主题表达将环保这一重要信息传达给大众,启发大众思考与反省,进而促使大众行动起来,积极投身到环境保护事业中来。

另外,在进行公共艺术创作时,要充分考虑城市生态系统的多样性、复杂性等特点,把艺术作品纳入城市生态系统中去,使艺术和环境达到完美结合、共生共荣。综上所述,必须从多方面建设可持续发展的城市绿地生态系统。如艺术作品可以构思成一个雨水收集系统来对城市进行灌溉降温,城市里的野生动植物都能在此寻找栖息之地,尽情地觅食避难。

更进一步,公共艺术作品还可以发挥环境教育作用,帮助大众对环境问题有一个更加全面的认识与理解。同时公共艺术作品也能成为文化载体,使人体会环境和社会发展的联系。公众通过对艺术作品的参观与体验,能够对生态系统运作机制有一个深刻的认识,对环境问题的严峻性有一个深刻的理解,对每一个人在环保事业上的职责与作用有一个深刻的认识。大众也可以通过学习了解环境教育的内容,来提升自己环境保护方面的知识水平与能力。借助艺术这一媒介进行环境教育可以更加直接而深入地打动大众的心灵,促进其环保意识与行动力的增强。

所以,公共艺术发展的趋势是以可持续发展与环境关怀为主线,使艺术创作真正成为促进环保行动、增强公众环保意识、对构建和谐可持续城市环境起到积极作用的行动。

(3)超越学科界限进行整合和创新实践。

更多学科、更广泛领域的认识与实践都会融入公共艺术中,并形成综合艺术形式。在社会学视野中,公共艺术作品既是技术问题又是文化现象。在跨学科创新实践中,艺术家、城市规划师和社会学家共同致力于创造更有深度与多样性的公共艺术作品。笔者对公共艺术和社会学、人类学、心理学、环境学、建筑学、城市规划及设计学等多学科知识的相互交融进行分析。这种整合会促进艺术创新和社会进步。

通过跨学科合作,突破传统艺术创作的局限,在公共艺术创作中结合更多的角度与思维来创作新的艺术作品,既有艺术性、科学性,又有文化内涵、社会责任,也将使大众对于当代艺术有更全面、更深入的了解。这些创造会更加深入地呈现社会的错综复杂性与多样性,引发大众思考与讨论,促进社会开放与向前发展。

跨学科领域的合作将会给艺术创新带来新的生机。以此为基础,艺术家可以得到更多社会资源的支持与援助,进而提升其专业水平并扩大影响力。艺术家们能够在与他者的交往与融合中,借鉴新的创作思想与手法,探索出崭新的艺术形式与表现方式。在此过程中,他们也能从不同的视角看待问题,提出建议,以更好地推动公共艺术创作多元化。由于公共艺术具有创新性、前瞻性等特点,公共艺术在内涵、表现手法等方面都会有更进一步的充实与扩展。

所以,公共艺术的未来走向将集中在跨学科融合与创新实践上。在科学技术不断进步和人们审美需求日益增强的今天,公共艺术设计将向更多元化和个性化方向迈进。这一发展趋势将给公共艺术创作提供更广阔的发展空间、给社会带来更丰富多样的艺术体验、给城市带来更强大的创新动能与文化推动力。

(4)文化多元性与容纳性。

未来公共艺术会更注重文化多元性与包容性,以更好适应不同文化群体对公共艺术的要求与期待。公共艺术不会再成为单一民族和国家特有的艺术形式而将会成为全球普遍的社会现象。艺术作品中表现出来的文化、价值观与身份认同会超越不同人群的边界而呈现多元化风貌。公共艺术这一新型媒介工具改变着人们的生活方式,也深刻影响着传统美学观念。公共艺术起着增进文化交流的桥梁作用,它强调人与人之间的共同性与多元性,并由此促进人类社会的进步。

公共艺术将是促进各种文化间沟通的重要舞台。从这一意义上说,公共艺术是一种新型社会实践活动。因其公共性而使艺术作品覆盖面广、影响大,能接触到不同社会阶层、不同人群、不同兴趣的人。公共艺术对于满足广大人民群众的精神需求和提高生活质量具有独特的积极作用,还能够对社会的发展产生促进作用。公共艺术的多样性赋予其容纳和呈现多元文化和价值的能力,为人们提供了一个开放、平等的交流平台,从而促进了人们之间的相互理解和融合。

公共艺术所具有的包容性是强调人与人之间的共性与多样性,促使人与人之间在承认与尊重不同的前提下寻求共性。公共艺术创作具有独特的人文关怀精神,是当代文化领域不可缺少的一项重要内容。大众对文化身份和价值认同的关注会让其更主动地投入城市建设中,进而促进全社会的和谐发展。这种对共性与多样性的关注有利于创造更加包容、开放与平等的社会文化氛围。

所以,公共艺术的方向是以推动文化多样性与包容性发展为重点。公共艺术同其他学科一样,要在继承传统中创新。通过公共艺术这一镜头,可以窥视与感悟更多的文化与价值,促进与保持文化多元性、促进社会容纳性与和谐性,为建设多元、统一的人类社会贡献一份力量。

整体而言,公共艺术将来会利用创新技术及方法作为工具,紧密地与社会互动,重视社会议题及环境可持续性问题,重视文化多样性及包容性。伴随着人们精神需求的不断提升,公共艺术作品对于居住环境的改善起到了至关重要的作用,能够帮助住户提升生活品质和减轻压力,提升幸福感以达到人类与自然环境的和谐。这样会给城市带来更多元化、更有内涵的艺术感觉,提高城市居民生活品质,促进社会进步与发展。

第八章

挑战与机遇：
未来的城市公共艺术

8.1 当前的挑战

8.1.1 可持续性挑战

城市公共艺术在今后发展中面临着诸多可持续性难题,这些难题主要涉及资源管理、环境影响以及社会参与等方面。下面就这些难题进行深入探讨。

1.资源管理

城市公共艺术创作和建设对资源有着极大的需求,其中有但是不仅仅局限于物质、能源和资金。特别是在城市人口膨胀和城市化步伐不断加快的今天,如何提供和管理这类资源将会逐步成为一个重大而又迫切的难题。所以,对未来城市公共艺术来说,寻求和践行可持续资源管理方法将是重点工作。

城市公共艺术在艺术创作时可以借鉴和运用可再生材料、节能技术和循环利用等手段来改造资源需求。如可再生材料可用于取代一次性或不可持续使用的材料,以减少过分依赖自然资源;在节能技术的帮助下,艺术项目能源消耗与碳排放能够得到有效减少;而循环利用这一途径可以将废弃物的产生降至最低限度,减少对环境造成的不利影响。

这些资源管理的可持续方法既有助于环境保护,又有助于我们反思与重塑公共艺术所承担的作用与职责。在这个过程中,公共艺术将会不再只是艺术表达与视觉享受的一种载体,而成为社会可持续发展与环保意识的重要动力。通过践行这些资源可持续管理方法,能让公共艺术具有更为深刻的社会与环境价值,让公共艺术成为人类建设更加美好与可持续城市生活的推手。

(1)选材和可持续性。

在进行城市公共艺术创作时,材料选择对于资源管理无疑起着至关重要的作用。展望未来,艺术家与规划者在选材时需更加周密地考虑,优先选择可再生、可回收，并且环境友好的材料，以缓解人们对于有限自然资源的依赖。

材料选择方面的考虑并不限于简单的材料选择，还涉及生产、加工等过程的再考察。艺术家与规划者有必要挑选使用生态友好的生产工艺，选用可有效回收再利用的材料，如可优先选用可再生木材、再生塑料或者金属材料等，它们的使用既减少了原始材料的要求，又因具有可回收等特点，极大地减少了废弃物的产生，减少对环境的污染。

我们有必要承认，选用可再生、可回收且环保的材料并非只是一种环保行为，更是城市公共艺术自身的再界定与升华。这样，不仅能够赋予城市公共艺术更强烈的生态意识与环保属性，而且还能够让城市公共艺术与城市生态系统更好地融合在一起，成为城市可持续发展过程中的一个重要环节。在此过程中公共艺术将不仅仅是城市美学的体现，更是我们生态友好和资源可持续利用思想的实践与传播。

（2）提高能源利用效率。

城市公共艺术作品在其设计与运营过程中，都需要有能源的支撑。在未来的发展中，能源效率应该被放在第一位，应通过使用节能技术、智能控制系统以及可再生能源来减少能源消耗，如采用LED照明技术、太阳能发电系统等，既提高了能源效率，又降低了对传统能源的依赖。

采取节能技术至关重要。艺术作品在照明、展示及装置使用过程中可利用节能技术，如LED照明、智能控制系统及传感器技术。LED照明以其高效、耐用、可调节等优点，与传统照明技术相比较可以显著减少能源消耗。智能控制系统及传感器技术可按需自动调节照明及设备使用情况，降低能源浪费。

使用可再生能源是一个可持续的选择。公共艺术作品可考虑使用可再生能源，如太阳能和风能，以满足能源需求。太阳能发电系统可安装于艺术作品附近建筑物屋顶上或其他适当地点，由光能转换成电能提供照明。这就减少了人们对于传统能源的依赖程度。

优化能源的管理与利用，也是一项重要战略。通过制定能源管理计划、确立能源使用目标等措施可对能源消耗进行监控与控制。艺术作品照明，展示及装置使用过程中都能得到合理布置，以免造成能源浪费。定期对设备运行状态进行维护与检验，保证设备高效运行。

与此同时，强化能源教育与节能意识培养也是一个重要方向。公共艺术项目通过信息展示、解说板以及宣传活动能够将能源节约与可持续能源的重要性传递给大众。能够增强大众对能源的认识，促使大众在日常生活中实施节能措施并养成节能习惯与风气。

（3）经费的筹措和管理。

城市公共艺术在规划、建设、养护等方面都需要经费的支持。多元化资金筹措方式至关重要。公共艺术项目可争取到政府拨款、私人捐赠、企业赞助和文化基金等多种渠道的资助。资金来源多元化可缓解单一来源压力和提高项目可持续性。艺术家、规划者可主动寻求与公共艺术有关的赞助机会、捐赠渠道，并与他们建立合作关系、拓展社会参与。

融入城市规划及发展项目，也是资金筹措的有效途径。公共艺术可结合城市规划及发展项目，以共同目标及兴趣来争取经费。比如在城市更新与再开发工程中，公共艺术可作为该项目的组成部分得到资助。另外，通过与私人开发商及商家的合作使公共艺术作品融入商业项目，可为艺术项目的资金来源提供保障。

同时，建立有效的资金管理机制也是关键。公共艺术项目要保证经费的合理配置与有效使用。具体可采取成立专业资金管理机构或者组建项目团队等方式。这支队伍可负责经费筹集、拨付与监管、编制清晰预算与财务计划以及保证艺术项目财务方面的透明高效。

公共艺术项目也可探讨同社区合作筹资。在与地方社区的合作中，可引入社区基金来使居民参与公共艺术项目融资及决策。这既增加了资金筹集渠道，又提高了社区公共艺术项目认同与参与度。

公共艺术项目需建立评估机制以定期评估和检讨资金筹措及管理过程，从而及时发现存在的问题，采取适当措施加以改进，以保证资金的合理利用，实现工程可持续发展。

（4）基于数据驱动决策。

未来，资源管理将日益依赖于数据与信息。通过对有关数据的收集与分析，我们能够对资源使用情况、项目绩效以及社区需求等方面有一个比较深入的认识，以便做出比较英明的决定。如采用智能传感器及数据分析技术对公共艺术作品使用状况及维护需求进行监控、优化资源分配及维护计划、提高资源利用效率及可持续性等。

建立一个数据收集与监测系统是其中的一个重要环节。公共艺术项目能够使用传感器、监测设备以及智能技术对多种数据进行采集与监控，例如能源消耗、水资源的使用情况、游客人数以及使用频率。这些资料可提供关于资源的使用情况、项目绩效等方面的完整数据，并可提供决策依据。

数据分析与建模可以提供深刻见解。对所收集到的资料进行分析与建模能够揭示资源利用过程中的规律与趋势，并确定可能面临的优化机会与挑战。比如对访客数据进行分析，就能知道公共艺术作品受欢迎程度以及利用高峰时段的情况，进而对资源进行分配以及对事件进行编排。

艺术家、规划者以及利益相关者能够通过分享数据与信息来加强协作与合作。共享数据有助于各方面更深入地理解项目状况与需求，便于资源共享与优化。

以数据为驱动、以决策为导向、以计划为重点，通过对数据、信息的运用，能够制定出更有针对性、更可行的决策与计划。比如，以数据分析为基础的决策能够引导资源合理配置，使公共艺术项目绩效与收益达到最优。

最后需要绩效评估与反馈机制。定期评价公共艺术项目业绩，可检查资源管理及项目效果。通过搜集用户反馈及社区参与情况，进一步确认项目影响及需求，为今后决策奠定基础。

2. 环境影响

不可回避的是，城市公共艺术从设计到施工再到养护的整个过程都有可能给环境带来一定的影响，新时代对公共艺术有新的要求，绿色环保的公共艺术设计是大势所趋。城市公共艺术都有可能给环境带来一定的影响，其中包括但不仅仅限于土地使用、能源消耗和废物生成等。在人类环境保护意识不断增强的情况下，有必要采取更加积极的措施来尽量降低对环境影响。

比如可选用环保材料来降低生产中污染排放；我们能够通过新技术、新设计来优化能源效率、减少艺术作品中的能源消耗；我们也可使用绿色建筑标准，例如绿色建筑认证系统(LEED)或者全球可持续建筑联盟(GBPN)中的建议等，以减少城市公共艺术对环境的恶劣影响。

不但如此，公共艺术在设计与施工中还需与城市生态系统相协调。比如，艺术作品可通过营造生态栖息地，利用生态元素吸引野生动物或通过加入绿色空间等方式保护并加强生物多样性。公共艺术还可成为生态恢复的载体，以艺术手法修复与改善城市生态环境。

总之，今后城市公共艺术需不断创新，要兼顾环境影响与生态价值，从而达到为环境与社会双贡献的目的。

(1)资源消耗与环境污染。

城市公共艺术在创作与呈现的过程中需要耗费很多资源，其中就包括物料、能源以及水。物料在生产、运输等过程中会排放大量温室气体及废弃物。所以，公共艺术需更加注重资源的可持续利用，减少环境影响，选用环保材料，提倡多种生产方式以及采取节能减排等措施。

选用环保材料。公共艺术创作时可优先选用可再生材料和可回收材料或者环保认证材料。这些材料可减少自然资源需求、能源消耗及温室气体排放。另外，提倡使用清洁能源，优化生产流程以及减少废弃物等也是一项重要措施。

优化资源利用，实现循环利用。在进行艺术创作与展示时，要注重对资源的合理利用，避免资源的浪费。比如在选材与设计的过程中，充分考虑了物料的可回收性与再利用性等问题，以提高物料循环利用率。同时采取有效措施对废弃物进行管理与回收，保证废弃物得到合理处置与资源再利用。

节能减排至关重要。当公共艺术展示用灯光及设备被利用时，可利用节能技术与装置，例如用 LED 照明或智能控制系统来减少能源消耗。另外，还可通过优化展示时间与频次来合理地安排节能措施以降低无谓的能源消耗。

合作和共享是减少资源消耗的一种重要方式。公共艺术项目能够与本地的社区及企业共同分享资源及设施以减少重复投资及资源的浪费。合作伙伴关系能够推动资源有效利用、增强艺术项目可持续性、增加经济效益。

监测与评价是保证资源可持续利用最主要的方法之一。建立公共艺术项目资源消耗与环境影响定期评价与审查等有效监测与评估机制，从而及时发现存在的问题并采取改进措施以保证资源可持续利用，使环境不断改善。

(2)保护自然生态环境。

发展城市公共艺术要和自然生态环境和谐相处。在艺术作品的设计与布局中，要充分考虑自然生态保护与修复，以免给野生动植物、自然景观及水域等生态系统带来不可逆转的破坏。

艺术作品在选材与创作过程中，要注意环保与可持续性。采用可再生材料、可回收材料或者环保认证材料以降低自然资源依赖与消耗程度。另外，还应该使用减少废弃物产生和节能减排的环境友好制造方法。

艺术作品设计要和自然环境融为一体。艺术家们能够从自然界得到启发并创造出和周围事物遥相呼应的作品。比如，通过运用自然界中的意象或素材，将艺术作品纳入自然景观中，并与周边生态系统协调统一。

在公共艺术项目规划与管理中，要兼顾生态保护这一长期目标，有必要建立一套行之有效的监测与管理机制，对艺术作品在生态系统中的作用进行经常性评价，采取适当措施进行保护与恢复。与自然保护机构及专家合作同样重要,这样才能保证艺术项目可持续发展及生态保护和谐。

发展城市公共艺术要和自然生态保护和谐相处。通过选择适宜地点、采用环保材料以及其他有效管理措施可使艺术作品和自然生态系统和谐相处。从而使城市公共艺术在保护与修复自然生态系统健康、可持续发展的前提下,给人们带来美的享受。

(3)城市气候适应性。

城市公共艺术要与城市气候变化相适应,要与极端天气事件相适应。气候变化会引起温度上升、降水模式变化、风暴加剧等问题,这就需要艺术作品具有耐久性与安全性。公共艺术需综合考虑气候适应性,选用耐久材料与结构,增强防水与抗风能力,保证作品能够在各种气候中稳定地呈现。

当城市公共艺术面临气候变化与极端天气事件所带来的冲击时,必须要顺应新挑战,采取适当措施来保证艺术作品耐久性与安全性。下面笔者将探讨几个重点内容,供大家参考。

选材是关键。公共艺术作品应选用耐候性好,抗气候变化能力强的材料。如耐候钢、耐候木材及特殊涂层可抵抗长时间日晒、雨水、风蚀及其他侵蚀,降低养护及修复频率。

结构设计需考虑气候变化影响。公共艺术作品在结构上要具有抗风、抗震和抗洪的功能,能迎接极端天气事件的考验。合理的结构设计与固定方式,能够加强作品稳定性与安全性。

防水措施也不容忽视。恰当的防水处理能阻止雨水渗透并降低水对艺术作品的侵蚀与破坏。使用优质防水材料及施工技术,定期对防水层进行检查和保养可提高作品寿命。

此外,对于气候变化可能带来的突发情况,公共艺术项目应考虑应急措施和保护措施。比如当暴风雨来临之时,可使用覆盖物或者暂时移动等手段使作品不受影响。

规划设计阶段城市公共艺术项目需充分考虑本地气候特征及未来气候趋势。与气候学家、工程师及设计专家合作可提供有价值的技术支持及意见,以保证艺术作品对气候的适应性及可持续性。

(4)城市绿化与生态系统服务。

发展城市公共艺术与城市绿化、生态系统服务相结合,更好地保护城市环境。

将公共艺术作品融入绿化景观中，能够从多方面改善城市生态系统功能，提升生态服务价值。下面探讨几点具体措施及其益处。

公共艺术作品能够融入绿化景观，提高城市植被覆盖及生物多样性。通过将艺术作品放置于绿地、公园及街道上，能够给城市带来更多的植物与树木，营造出更加丰富的栖息地与绿色空间。这样在提高城市生态价值的同时，也给居民带来一个较好的游憩与观赏环境。

公共艺术作品设计能够重视生态功能的发挥，更好地服务于城市。比如可设计雨水收集与利用系统把雨水引入艺术作品的结构中来，从而达到雨水收集与利用的目的，降低城市洪涝与雨水排放压力。另外，艺术作品在选材与建设过程中还能够关注环保与可持续性问题，降低自然资源消耗与环境影响。

公共艺术作品能够为城市提供生态冷却效应。在城市热岛效应较重区域，可通过艺术作品营造荫凉空间，给居民遮阴消夏。有利于改善城市热环境，降低城市温度，增强居民舒适感受。

公共艺术作品的普及，能够增加大众对于环境保护与可持续发展方面的认知。基于当今生态环境问题，公共艺术也在运用各种表现手段积极地应对和解决这些问题。通过对艺术作品的呈现与推广，刺激大众参与到生态环境保护行动中来，引导人们积极行动起来，共同构建城市可持续发展的环境。

(5)环境教育与意识提升。

城市公共艺术能够成为环境教育与意识提升的媒介，它以艺术作品的形式传达环境保护知识与观念，唤起大众对于环境问题的重视与行动。公共艺术能以艺术创作方式传递环境保护信息。艺术家们能够运用绘画、雕塑、装置艺术等方式来进行作品创作，将环境问题与可持续发展这一概念淋漓尽致地表现出来。例如通过绘制壁画或者雕塑作品来表现大气污染、海洋保护、气候变化等题材，唤起大众对于环境问题的重视与思考。

公共艺术能为大众提供互动与参与的机会，并刺激大众参与环境保护行动。例如艺术作品可被设计为一种互动性质的设备，大众在参与过程中能够感受到环境问题所带来的影响以及解决方法。这一参与性艺术形式能够引起大众情感共鸣与行动意愿，推动大众对环境问题给予更多关注与行动。

公共艺术可与社交媒体及技术相结合以拓展环境教育影响。借助社交媒体平台与虚拟现实技术，艺术作品得以在数字领域中传播并影响更为广阔的受众群体。

这一数字化呈现形式能够为信息传递提供更加多元的途径，刺激大众对环境问题的重视与参与。

城市公共艺术可联合教育机构、社区组织、环境保护组织等实施环境教育项目。将以环境为主题的艺术作品呈现于学校、社区及公共场所，并辅以相关教育活动与演讲，可提供系统化环境教育。这一合作模式能够推动环境保护知识传播，培育公众环境责任感。

3. 文化保护

在进行城市公共艺术创作时，对地方文化遗产与传统进行尊重与保护是十分重要的。在公共艺术项目设计与执行过程中，要全面理解与尊重地方社区文化价值观与审美观念，避免给传统文化带来不利影响。这就决定了艺术家创作公共艺术作品时需对地方历史、文化以及社区动态进行深入的研究与了解。他们需要与社区居民密切沟通，了解他们的需求和期望，将这些隐藏的社区共同价值可视化，成为居民出入能见的公共艺术。城市公共艺术对文化的保护与推动在这日趋全球化、多元化的今天显得格外重要，在城市公共空间中占有重要地位。继承与弘扬文化遗产，可以增进文化交流与了解。

（1）保护文化多样性。

城市作为多元文化交汇之地，公共艺术应尊重并体现不同文化群体特征及其表达方式。但在城市化、全球化日益发展的今天，传统文化、民俗艺术却有消失、衰落之势。城市公共艺术要鼓励保护与继承传统文化。艺术家和规划师可以将传统的艺术形式和艺术符号融入传统的绘画、雕塑、音乐、舞蹈等，以此来展现和传播传统文化的价值和美感。另外，可通过传统文化节庆活动、展览及工作坊，为市民提供亲身感受和参与传统文化传承的机会。

城市公共艺术要推动多元文化交流和共融。在多元文化并存的城市里，艺术作品可作为不同文化群体理解与对话的桥梁。通过对不同文化进行艺术表达，例如文化艺术节、多元文化主题公共艺术项目等，能够促进文化交流和共融、提升社区凝聚力以及文化认同感。

城市公共艺术要注重社区的参与与配合。邀请社区居民共同参与艺术项目策划、设计及执行过程可保证艺术作品符合社区特色及需要。这类参与性项目能够激发社区居民对于本土文化与传统艺术的关注与自豪，还能提高居民对于城市公共艺术的认同感与参与度。

城市公共艺术管理与政策要重视对传统文化、民俗艺术等的保护与扶持。制定相关法规、政策,提供经济支持、场地资源等为传统文化艺术家、从业者提供创造与展示的条件。另外,要加强对传统文化与艺术的学习与教育,为传统文化的传承培育更多专业人,确保传统文化可持续发展。

(2)城镇化对传统空间的冲击。

城市更新进程中对传统艺术与文化场所进行保护与继承是不可忽视的。城市规划与开发需兼顾历史建筑与文化遗产保护。城市更新项目中要对历史建筑与文化遗产做出审慎的评价与保护规划。对老旧建筑进行维修改造,使之成为艺术文化场所,留住历史记忆,给城市注入一种独特的文化氛围。

政府及有关机构要加大传统艺术、文化场所保护扶持力度。制定有关政策、规定,明确传统艺术、文化场所保护的职责与义务。对艺术家、文化从业者给予经济支持、场地资源等,鼓励其对陈旧建筑进行创作,推动传统艺术、文化的继承与发扬。鼓励市民参与传统艺术及文化场所的保护与传承。增进大众对于传统艺术与文化的了解与重视,培育其文化保护责任感。

城市发展牵涉众多部门及利益相关方,必须构建协调机制以保证城市更新对文化保护的充分考虑。政府、艺术机构、社区组织以及民间团体要加强协作,共同促进传统艺术与文化场所的保护。

通过文化教育活动,艺术展览与表演等形式,将传统艺术与文化的价值与意义传递给大众。增进大众对传统艺术与文化场所的了解,并发展其对文化保护的了解与支持。

(3)文化剥夺与商业化的冲击。

在商业化与市场经济的双重压力之下,公共艺术有可能受到商业利益与消费主义的支配,传统艺术与文化也有可能因市场化与商品化而丧失它本来的意义与价值。

政府及有关机构要出台相关政策与法规来保护与弘扬传统艺术。如鼓励文化机构与艺术家创造与呈现传统艺术作品,并限制商业利益过多地介入公共艺术等。

公共艺术项目规划与管理需关注公共利益与社区参与。在对工程进行规划与决策时,要充分考虑到社区的观点与需要,以保证公共艺术作品能真正地为大众服务,并传达出正面的社会价值。

艺术家与文化机构之间还应保持一种独立的原创性。他们要坚持自己的创作理念和艺术风格,不受商业利益的干扰。艺术商品化是一个趋势,积极因素和消极因素并存,对艺术发展既有正面影响,又有负面影响。它对社会经济有极大的促进作用,可调节艺术市场,确保创作接受过程的进行;对艺术家有极大的鼓励作用;对人民群众(艺术接受者)有极大的教育作用。

大众的教育与意识提升同样至关重要。通过强化艺术教育、培养文化素养,大众能够对传统艺术价值有更深刻的认识。有利于大众在市场化与商业化压力下保持理性判断并为传统艺术保护与发展提供支撑。

跨部门、跨界合作有待加强,多方形成合力。政府、艺术机构、商业界、社区组织及公众应通力合作促进公共艺术发展并维护传统艺术的独立性与原创性。只有在合作和共识中才能在商业化和保护传统艺术中寻求平衡,保障公共艺术长久发展。

4. 长期保持

在未来公共艺术发展的趋势下,长期保持与管理问题就变得更加重要。不管艺术作品是在规模上还是在造型创新或技术应用上,要想保证作品的艺术价值与社会功能能够长久地发挥出来,就不能脱离维护与管理的要求。公共艺术作品既是艺术家创作的结果,也是一个城市文化的象征与公共资产。但是艺术作品的养护与管理却要耗费很多人力、物力、财力,这对很多城市与社区而言都是相当大的难题。

一种切实可行的办法就是建立起一套行之有效的维护机制,其中包括艺术作品的定期清理、维修与养护,以抵抗环境的侵蚀。还需要定期检查与评价,发现并应对潜在问题与风险。

还有一项重要内容,就是要确保公共艺术在维护与管理方面获得充足经费。资金来源可多样化,如政府预算、企业赞助、公众捐赠以及艺术基金等,这就能有效地避免由于经费不足对公共艺术维护造成影响。另外,专业化的管理团队、清晰的管理制度是保证高效、专业化管理的重点。

城市发展的步伐永不停歇,所以公共艺术的养护与管理还需融入城市长远规划与策略之中。这说明在对公共艺术项目进行规划设计时,必须充分考虑它的长期保持与管理,以免由于预见性不强、视角不长远等原因导致公共艺术作品早期衰落。

(1)自然环境影响。

公共艺术作品一般都是在室外展出,要面对多种气候条件以及自然因素对作品的腐蚀。如日晒、风雨、温度变化等,都会使作品在材质与结构上产生破损。为解决上述难题,可采取如下策略以保护公共艺术作品持久存在。

公共艺术作品的设计与制作要选用耐候性好、抗腐蚀性强、能承受户外环境长时间曝晒的材质。如不锈钢、耐候钢、石材及陶瓷等耐久性强、抗褪色性好的材料，能在户外环境下长期保持美观。

户外艺术作品经常裸露于雨水多、湿度大的场合，所以要对作品做适当防水防潮处理。其中包括用防水涂料、密封剂及防水覆盖层来保护作品的材料及构造免受水的侵蚀。

对公共艺术作品要定期进行检查与清洗，保证作品具有良好的外观与功能。其中包括经常清洗表面污垢、修补受损部位，以及更新防腐涂层。及时保养能延长作品使用寿命和减少自然因素造成的破坏。

公共艺术作品设计与构造时可考虑采用可更换的构件与材料。如此，当局部破损或者老化后，能够较为方便地维修或者替换，提高了作品使用寿命。另外，在有条件的情况下，还可设计出能够不断更新的构件，使得作品能够跟上时代的步伐，满足城市环境不断变化发展的需求。

(2) 人为破坏、偷盗。

公共艺术作品通常是大众关注的重点，同时也是损害与窃取的对象。艺术作品在被损坏、偷盗的同时会给城市形象、文化遗产带来损失。为降低损坏及被盗风险，公共艺术作品陈列场所及其附近地区设置了相应的监控摄像头、警报系统及防护栏。定期对这些安全设施进行维护检查，以保证安全设施的正常运行。

鼓励社区居民加入艺术作品保护与监管中。如组织社区巡逻、请志愿者参加防护、组织社区活动等形式。社区居民参与能有效降低破坏与盗窃行为，也提高了大众对于艺术作品的推崇与重视。

艺术机构与艺术家可考虑投保艺术品保险来降低毁损与偷窃带来的经济损失。同时制定风险管理计划并定期评估与监控公共艺术作品，以针对可能出现的各种风险。

公众教育与宣传同样很重要。通过强化公共艺术在大众中的教育与推广，提升大众对于艺术作品的理解与尊重，从而提升大众的保护意识与参与度。

(3) 资金和资源的限制。

公共艺术作品养护需要经费与人力资源支撑，然而城市预算与资源的有限性可能会造成公共艺术作品养护与修复的局限性。

对公共艺术作品进行养护需要足够的经费与人力资源作为支撑，但是一般情况下城市预算与资源都有限，这样就会对公共艺术作品养护与修复工作造成限制。为解决这一难题,可从以下几个方面着手保证公共艺术作品能够得到维护与修复。

政府可设立公共艺术维护基金对公共艺术作品进行专项扶持。同时要建立清晰的资金管理规范以保证资源合理配置与高效使用。

政府也可联合私营企业、非营利组织以及社区机构共同对公共艺术作品进行维护。通过构建合作伙伴关系能够联合募集资金,分享资源与技术专长并提升维护工作效率与可持续性。

建立长期维护规划并定期检查与评价公共艺术作品,发现并修复可能出现的问题,以免问题进一步加剧。预防性维护措施可减少维护成本及次数,提高作品使用寿命。

培训专业维护人员与队伍,提升维护技能与知识水平,保障维护工作专业性与质量。另外,还可采用智能传感器、数据分析以及远程监控等新技术与创新手段来提升维护工作的高效与精准。

通过激励大众参与公共艺术作品的维护来提高大众责任意识与参与度。具体可采取组织志愿者活动、开展维护培训、开展宣传活动。公众参与既能为政府减负,又能增强公众尊重与保护公共艺术作品的意识。

8.1.2　技术挑战

1. 技术创新与运用

在当今信息科技高速发展的时代,技术的创新与运用已经深刻改变并影响了公共艺术。新的技术潮流,包括虚拟现实(VR)、增强现实(AR)、人工智能(AI)等,无疑为公共艺术提供了更为广阔的创作空间,新的表现形式与交互方式,给受众带来空前的艺术感受。

可以设想,在这个趋势的推动下,城市公共空间将不再局限于实体的雕塑或壁画,而是可以呈现出动态的、交互的,甚至可以根据受众的反馈进行自我改变的艺术形象。比如,利用虚拟现实技术,艺术家可以创造出超越现实的虚拟世界,观众可以通过VR设备亲身进入这个世界,深度体验艺术的魅力。又如,增强现实技术的运用,使艺术家能够将虚拟元素加入现实环境中,使现实世界艺术层次更加丰富。

然而,技术创新的应用并不是简单的复制粘贴,而是需要艺术家、设计师和规划者具备相应的技术知识和能力,只有这样才能真正将科技与艺术完美融合,创造出具有深度和内涵的艺术作品。比如他们要了解各种新兴科技产生的原理与可能性、设计与运用的需求、技术细节与操作技巧。同时,技术创新的应用也面临着一定的挑战,如技术的更新、艺术作品的维护与升级、大众的接受与使用习惯等。所以未来公共艺术需深入思考并回应上述挑战。

(1)技术更新迭代速度快。

科技发展十分迅速,各种新型科技工具与平台层出不穷,需要艺术家与规划者紧跟科技脚步,将其灵活运用于艺术创作。从而扩大艺术边界,创作更多具有创新性、互动性的作品。

新技术平台给公共艺术传播与大众参与带来了全新路径。社交媒体与在线平台成了艺术作品呈现与沟通的主要通道。艺术家及规划者可借助这些平台扩大其作品影响,并与更多观众互动对话。另外,借助互动装置与智能传感器,大众能够参与艺术作品的制作与演绎,增强参与感与体验感。

科技的进步,也给公共艺术管理与养护带来方便。比如,借助物联网与大数据分析技术能够实现公共艺术作品的实时监控与管理。另外,将智能控制系统与可持续能源技术运用其中,还能够提升艺术作品能源效率与可持续性。

艺术家与规划者在运用技术时还需保持创意与谨慎。技术仅仅是一种工具,艺术则是以创造与表现为中心。这就要求他们在运用技术的过程中,要保持艺术创作的独特性和表现手法,避免技术成为艺术作品的唯一焦点,而忽略了艺术的内涵和情感。

(2)技术的可访问性和推广性。

有些新兴技术可能仅局限于初始阶段的少数几种应用,比如虚拟现实设备价格较高、专业知识需求高等。这一状况可能制约大众的参与和互动体验,使一些人不能完全享受到新技术所带来的艺术体验。针对这一问题,可通过若干举措推动公众参与互动。

为让更多大众参与艺术虚拟现实体验,可考虑压低虚拟现实设备价格、提供更多可租赁或者可共享选择的方式,让更多民众接触这些科技。同时提供简便易行的接口与引导,让大众能迅速上手,尽享艺术互动体验。

通过培训课程、工作坊等方式,将虚拟现实等新兴技术有关知识、技能等传授给大众。这将有助于大众更深入地了解与应用这些科技,提高大众对艺术活动参与的信心与兴趣。

配合文化机构及社区组织,提供公共艺术互动设备及活动举办地点。通过在公共场所、博物馆及艺术中心设置互动设备及展示区域，让市民有机会参加艺术互动体验。这种合作能够使新技术和公共艺术相结合，并为大众提供更多的参与机会。

(3)技术和艺术结合。

技术的创新与运用给艺术带来全新的表现形式和交互方式，然而在进行艺术创作时如何将技术和艺术的精髓结合起来并保持其艺术性与创意性却是个难题。在运用技术时，应遵循如下原则才能使艺术具有独特性与创造性。

技术能够提供全新的表现方式与创作工具，但是技术本身却不是艺术的心脏。艺术家要把技术看作是一种创作方法，并把它纳入艺术创作过程中，不为技术所围。通过对科技的应用，艺术家们能够拓展创作的边界，创作出更有创意、更有独特的艺术作品。

在运用技术的同时，艺术家要时刻秉承艺术的精髓与核心价值。技术能为创造提供便利性，并能带来全新的表现，而艺术的精髓却在表现情感、观念以及特有的创造力上。艺术家要重视作品的内涵与艺术性，要通过对科技的运用加强其表现力，不能只追求科技的革新与成效。

要想把技术融入艺术中，艺术家们就必须对新技术保持重视，主动地去研究、去探索新技术。理解了科技的原理与应用方法就可以更好地运用科技达到创作目的。与此同时，艺术家还应保持其独立性与创造性，并根据创作的需要与风格选择适当的技术工具与手段。艺术家们可与科技领域专业人士、工程师一起探索，将艺术和科技融合在一起，创作更多具有创新性、前瞻性的艺术作品。

2. 数字化与可持续性

在数字艺术作品中，信息安全是一个不可忽视的问题。数字化艺术作品一般依赖计算机程序、互联网及数据传输，易受网络攻击造成数据泄露。所以在数字艺术作品设计与实现过程中，必须要有相应的安全措施来保证艺术作品信息的安全。

在数字化艺术作品中，相对于传统艺术作品而言，制作数字藏品需要消耗大量的时间和人力，而这部分成本却无法直接体现在商品价值上。数字艺术作品要经常进行技术维护及更新才能保证作品的正常工作及效果。艺术家与规划者应该在数字艺术作品设计与策划中充分考虑维护成本以及制定长期维护计划。

公众教育与意识的提高同样至关重要。通过加强公众对数字艺术的理解，可以增加他们对数字艺术作品的关注和保护。大众能够通过对数字艺术作品特征与价值的认识来更好地鉴赏数字艺术作品。

3. 数据与隐私保护

公共艺术作品数字化与互动性的特点确实会涉及个人数据采集与利用,从而带来隐私问题与数据保护问题。数字艺术作品往往需要通过与受众交互,搜集并记录其个人信息或者行为的数据来达到对艺术作品个性化呈现的目的。但此类数据收集与利用必须遵守隐私保护原则与法规。

公共艺术项目设计与实施者应当采取相应的技术并组织安全措施以保护受众个人数据不被擅自获取、使用或者泄露。如采用数据加密、访问控制、安全存储以及数据备份等方式以保证个人数据保密性与完整性。

公众教育与信息透明对于保护受众隐私同样具有重要意义。公共艺术项目设计实施者应当为受众提供足够的资料,清楚地阐明资料的采集与利用方法,确保透明与公正。受众对其个人数据享有知情权与控制权,可在任何情况下取消与删除。

公共艺术作品具有数字化、互动化特性,对隐私与数据保护提出了全新挑战。从遵循隐私保护原则、采取相应技术措施、遵守法律法规以及强化公众教育等方面入手,能够保证公共艺术作品数字化和互动特性能够与受众隐私权及数据保护协调一致。为公共艺术可持续发展、社会参与等提供有益保障。

8.1.3 社会参与挑战

1. 认识不到位,参与动力不足

如果公众对于公共艺术意义与价值的理解受到限制,就会缺乏介入的动机与意愿。这样就会造成大众的参与兴趣度降低。所以提升大众对于公共艺术的认知与教育是非常关键的。通过组织展览、公众讲座以及艺术教育活动,将公共艺术的内涵与价值传递给大众,吸引大众的关注与参与。另外,借助数字技术与社交媒体平台搭建线上参与平台,便于大众发表意见与建议。

2. 社区参与度不够

社区组织与协作不力,也是公众参与动力不足的原因之一。社区居民间若没有组织与合作机制,就难以产生集体参与的力量。所以建立并强化社区组织与协作就显得尤为重要。社区组织能够发挥协调与组织作用,使居民有机会参与公共艺术项目。另外,能否与利益相关者、艺术家和规划者建立促进公共艺术项目开发的合作关系也是增强参与动机的关键所在。

公众在公共艺术项目中获取信息的途径可能会受到限制，从而造成对该项目的理解与参与程度不足。所以，要想应对这一挑战就必须构建更加丰富的沟通渠道来让大众对公共艺术项目有一个及时的、全面的认识。

3. 跨文化交流面临着挑战

城市作为多元文化交汇之地，其公共艺术作品需兼顾不同文化背景与受众的群体需求。跨文化交流对公共艺术提出了重要的挑战。城市作为一个多元文化交汇的场所，有着文化背景各异的居民与游客。公共艺术作品在设计与呈现时需要充分考虑这些不同文化背景的受众群体的诉求，才能达到真正意义上的跨文化交流。

公共艺术项目在策划与呈现时，需避免文化上的冲突与误解。不同的文化在价值观、信仰、传统以及敏感性等方面都有差别，艺术作品在呈现与表现时要尊重并兼顾各文化的要求，以免造成文化冲突或者误解。这就要求我们必须与地方社区及文化专家紧密合作、充分交流、相互了解，才能保证艺术作品的呈现能得到广大受众的认可和了解。

跨文化交流还需要建立一个开放和包容的交流平台。公共艺术项目通过组织文化节庆活动、临时展览以及艺术家驻留项目，为沟通与对话提供场所，增进文化间的沟通与了解。这样才能激发市民兴趣与参与，提升城市文化活力与社会凝聚力。

从总体上看，今后城市公共艺术需主动迎接社会参与所带来的挑战。艺术家、规划者要主动配合公众、社区，建立公开的沟通渠道、合作机制等，保证公众、社区积极参与公共艺术项目。

8.2　未来的机遇

8.2.1　技术创新

未来城市公共艺术迎来了技术创新的契机，它将给艺术家提供一个宽广的创作空间与表达平台。伴随着科学技术的日益发展与推广，新兴技术也在改变着艺术创作方式与展示形式。今后,以下创新的技术将会给城市公共艺术提供契机。

虚拟现实(VR)技术和增强现实(AR)技术将为城市公共艺术带来新的表现形式。借助虚拟现实技术使人沉浸在艺术作品中,并与虚拟环境进行交互。比如,艺术家们可以使用 AR 技术来创造城市里的虚拟艺术品或者风景,让人通过智能手机或者 AR 眼镜就能看到并参与公共艺术创作过程。这一手法将突破传统艺术和观众的限制,产生新的艺术体验。

数字艺术与互动艺术在城市公共艺术中必将占有举足轻重的地位。数字技术的飞速发展,使得艺术家们可以创作出基于计算机程序、数据可视化、数字媒体等多种技术的艺术作品。在数字艺术中,艺术家可以将抽象的概念和复杂的数据转化为形象化的艺术形式,以更加直观多样的方式展现在观众面前。与此同时,互动艺术将是公共艺术中的重要表现形式,受众能够通过触摸、声音和体感与艺术作品产生交互,从而产生个性化艺术体验。

运用可持续技术,将是今后城市公共艺术发展的一个重要趋势。全球日益重视环境可持续发展,艺术家会更加重视可持续性问题和利用可持续技术从事创作。如使用可再生材料、太阳能、风能等清洁能源进行公共艺术创作以降低环境影响。此外,数字化及互联网技术有助于艺术家向大众共享公共艺术作品,降低纸张及物质资源消耗。

社交媒体与共享文化的崛起,将会给城市公共艺术带来更为广阔的传播与共享空间。在社交媒体被广泛运用的今天,公共艺术作品的共享与传播变得更加便捷。艺术家可通过社交媒体平台打造艺术品展示与互动等内容,来吸引更多的受众关注与参与。大众可通过社交媒体与艺术家、其他受众及文化机构互动沟通,产生艺术创作及观赏的共鸣。共享文化的崛起,同样给城市公共艺术提供了一种全新的协作与参与模式。共享文化注重资源的共享与创作的开放性,艺术家与受众能够在共享平台上相互交流、相互协作,共同创作更加多元化、内容更加丰富的艺术作品。艺术家可通过共享文化的做法,协同社区居民、非营利组织及政府机构,创造出具有地方特色及社会意义的公共艺术项目。该合作模式既能提升艺术作品的品质与多样性,又能提升大众对于艺术项目的参与和认同。

从总体上看,城市公共艺术在今后发展中面临技术创新的契机。虚拟现实、数字艺术、互动艺术这些新兴技术,都会给公共艺术提供全新的表现形式与艺术体验。与此同时,可持续技术的运用、社交媒体传播以及共享文化的崛起等都会给公共艺术提供更为广阔的合作机会。今后,艺术家、观众以及城市规划者都要积极面对这些契机，通过创新思维与跨界合作来促进城市公共艺术发展，从而给城市文化景观增添新亮点与新魅力。

8.2.2 社会参与与民主文化的推动

未来城市公共艺术的进步，会显著受社区参与与民主文化所驱动。社会参与与民主文化作为公共艺术发展的基本动力之一，旨在与社区居民及广大公众建立密切的联系，从而引起社区居民对城市环境及文化遗产的强烈关注和参与。更进一步的，在社区参与与民主化的决策过程中，能够在各方面增强公共艺术的多元性与包容性。这种变化能使大众获得更多正面的作用，使其不再仅仅是艺术的接受者而能直接参与艺术的创造与诠释，进而提升公共艺术在社会上的价值与影响。

在这一过程中，公共艺术将变得更加包容和多元，能够体现和包容更广泛的社区视角和文化元素。公众在整个艺术创作过程中都能发表意见，从策划到设计再到执行的每一个环节，使得公共艺术作品能够真实地体现出社区的诉求与价值。与此同时，大众参与还能激发出新的艺术创意与表达方式，使公共艺术在形式与内容上不断丰富，提高艺术表现力与社会影响力。

通过社区参与、民主化决策等方式，公共艺术创作过程本身就可作为社区建设与文化交流的实践活动，从而进一步增强社区凝聚力与文化认同感、提高大众文化素养与艺术审美能力。这一新型公共艺术模式既有利于公共艺术品质与价值的提升，又能给大众参与城市文化建设、自我表达、自我实现带来契机。

在公共艺术项目中加入社会参与后，就能促使公共艺术向更加多元、更加民主的方向发展。社区居民与大众参与艺术项目决策，能够保证其获得表达意见与需求的机会，让艺术与生活更加贴近、人文气息更加浓厚。这种介入既可采用召开社区会议、座谈会或者问卷调查的方式，也可通过网络平台的方式，使艺术家们、规划者与居民之间可以相互沟通，从而产生新型的公共艺术。

公共艺术项目在这一进程中已不仅仅是艺术家或者专业团队单向传递，更重要的是多元参与对话与合作。艺术家、规划者以及居民三者之间的此种互动交流有助于对社区文化多样性的深刻认识与探究，并保证公共艺术项目能够如实地体现社区的属性与价值。社区的文化特色与居民个人的经历均可作为艺术创作的来源，从而丰富公共艺术的内容与形态。

与此同时，这一社会参与的过程还会提升大众艺术鉴赏能力、提高大众艺术素养、让大众在享受艺术之余,还可以认识到艺术背后所蕴含的创作理念与创作过程,并对其形成深刻的认识与独到的见解。大众参与不只是提供观点与建议,而是参与到创作中去,使公共艺术成为真正意义上属于大众的艺术,更能满足大众的审美需求,在社会上具有更广的接受程度与影响力。

当大众成为公共艺术项目中决策与执行的一分子,就会更加深刻地了解艺术作品背后所隐藏的故事,洞悉创作理念,体会艺术家们的想法。这一深度参与既可以强化大众对公共艺术作品的感知与鉴赏,又可以让其更加深入地了解所处城市中的文化,获得更加强烈的归属感。大众这种艺术参与感与归属感使得公共艺术更易被人们接受,也会提升其对城市文化的自豪感。

此外,公众参与还可以采取更多元、更互动的方式,如艺术活动、互动展览和工作坊等,这些都是使公众能更深入、更主动地参与公共艺术创作的有效方式。公众参与既可以增进大众与艺术家的沟通,一起创作并共享艺术体验,又可以把大众独特的视角及创新思想纳入艺术创作之中,使公共艺术作品更具多元化和社会性。

从大众参与过程看,大众既是艺术欣赏者又是艺术创造者。他们的参与与贡献让公共艺术成为社区生活中的一部分,让艺术变得更加多彩,让大众更贴近艺术,感受艺术的力量与魅力。这类公共艺术更能反映市民的需要与欲望,更能体现社区精神面貌,给城市生活增添艺术色彩与生机。

社会参与能够推动公共艺术在社会中产生影响力,实现可持续性发展。公共艺术在社区居民的参与下,能够更好地适应社会需求、解决社会问题。社会参与有助于艺术家和规划者更深刻地理解社区所具有的特征与所面临的挑战,并由此产生反映社会问题的艺术作品。公共艺术所产生的社会影响力既表现为艺术作品的内容与题材,又表现为艺术项目对于社区经济、教育与环境所产生的正面影响。

社会参与的意义不只体现在使大众参与公共艺术项目的决策与执行上,还体现在培养大众鉴赏与理解艺术的能力上。大众在社会参与下能够深刻地理解艺术的含义以及创作背后所蕴含的含义,增强欣赏艺术作品的能力。与此同时,社会参与还有利于激发大众的创造力与想象力,让大众从公共艺术中找到属于自己的表达方式并以参与创造和互动体验的方式与艺术进行互动。

8.2.3　可持续发展与环境保护的整合

未来城市公共艺术在可持续发展与环境保护相融合方面将迎来重要契机。在全球气候变化与环境问题越来越受到重视的今天,城市公共艺术在城市空间中占据着重要地位,能够起到促进城市可持续发展与环境保护等目标实现的积极作用。

城市公共艺术作为反映城市风貌与文化的一种重要形式,具有极大的社会影响力与教育意义。它可作为我们向大众传递环保信息、倡导可持续生活方式的强有力手段。艺术家们通过创作具有深刻内涵的公共艺术作品来让人们在享受艺术之余认识到环保的重要,进而引起人们对环境问题的高度重视。

比如,通过运用不同艺术形式与媒介,艺术家就能把环境保护这一概念纳入自己的作品。雕塑与装置艺术能够凭借立体性与直观性,生动地展示可持续能源所具有的价值与意义,也能形象地揭示环境破坏所带来的严重后果。绘画与摄影作品则能通过对自然景观美与脆弱的捕捉与再现,使人们深深感受到我们生存的环境还需要更多的爱与保护。

荷兰艺术家丹·罗斯加德(Daan Roosegaarde)的智能高速公路(Smart Highway)如图 8-1 所示。该作品利用光收集与太阳能技术在道路上制作出明亮的纹路与符号,利用日光为其充电,夜晚为公路照明。这一创新项目把艺术设计与可持续能源技术有机地结合在一起,为道路照明提供了一个新的环保方案。

图 8-1　智能高速公路

美国摄影师安塞尔·亚当斯的作品如图 8-2 所示。他用细腻、精致的手法捕捉自然景观中的细节与纹理,通过对光与阴影的控制来表现自然景观中的优美与脆弱。

艺术作品中传递的环保信息能够直抵人心、激发环保意识。观赏这类作品不仅可以使人体会艺术之美,更可以让人认识环境保护的迫切性与重要性,进而引起人们的深思,促使其在日常的生活中做出更加环保的表现,主动参与环境保护。

城市公共艺术所具有的魅力不仅仅体现在其所提供的视觉享受上,还体现在能引发人的思考、唤起人的感情、激励人的行动上。通过艺术作品能将环保这一概念传递给大众,促进人们可持续生活方式的形成,从而使更多人认识到保护环境是多么重要,一起为构建一个更加绿色美好的明天而奋斗。

图 8-2　安塞尔·亚当斯的作品

城市公共艺术能够结合城市规划与设计,营造出更加环保、更加可持续发展的城市空间。公共艺术可被纳入城市环境中,成为城市规划的有机组成部分,并与建筑、景观及公共设施相融合。艺术作品可使用可再生材料、节能技术以降低自然资源消耗。比如公共艺术作品能够使用太阳能或者风能这些可再生能源来对周边进行照明或者能源供给。这一融合的方法既能给城市以艺术美,又能使城市环境质量得到改善。

太阳树(Solar Tree)(图 8-3)是位于奥地利格拉茨的一种太阳能雕塑,由英国艺术家罗斯·拉古路夫(Ross Lovegrove)设计。该雕塑看上去就像是一棵大树,枝丫上缀满了一排太阳能板。白天这些太阳能板把太阳能收集起来,到了晚上就把它们变成电能点亮整座雕塑。

图 8-3　太阳树

向日葵电力公园(Sunflowers, An Electric Garden)(图8-4)是位于美国奥斯汀的一种公共艺术装置,由艺术家马格斯·哈里斯(Mags Harries)和拉霍斯·赫德(Lajos Heder)共同创作。它由15个巨大的形似向日葵的太阳能装置组成,白天收集太阳能,夜晚散发迷人的光芒。同时该设备也给公共设施带来可再生能源的供应。

图8-4　向日葵电力公园

另外,城市公共艺术还能通过社区参与、教育活动等方式唤起公众环境保护的意识。同时,公共艺术还有利于促进居民文化素养的提高,让他们能够更全面和深刻地了解城市生活方式。公共艺术项目能够规划及组织环境保护主题工作坊、讲座及展览等活动,帮助公众了解环境问题、学习可持续行为知识与技能、鼓励其主动采取环保措施。公共艺术作品还是一种交流方式,它能使大众共享其思想或情感,进而实现环境质量的提升。公共艺术作为集合公众智慧与创造的舞台,其目的在于解决环境问题,推动可持续发展。大众可在艺术作品中纳入自己的意见,以增进文化多样性和增强大众社会责任感。大众通过与公共艺术的互动,可以激发创造力及想象力,进而孕育多种环保及可持续发展的解决方案。与此同时,公共艺术作为一种交流形式给大众构建了一个互相学习、交流经验与资讯的平台。大众能够积极地参与到艺术创作过程中去,向艺术家们提供关于环境保护方面的独到见解与意见,在大众智慧与创造力的帮助下,艺术家们能够创造出更多与他人产生共鸣的作品。

费城壁画(The Murals of Philadelphia)(图8-5)是世界上最大的公共艺术项目之一。以一个开放空间为展示场所,以多种形式表现社区历史文化和传统风俗及人民群众对美好生活的追求与向往。这一项目由社区居民、学生和专业艺术家共同参与。该壁画具有多元化题材特点,其目的是改善社区环境的质量,启发青年的心智,培养青年对社区事务的参与感。

图 8-5　费城壁画

海德堡工程(The Heidelberg Project)（图 8-6）是由泰里·盖顿(Tyree Guyton)于 1986 年开始创作的一个户外艺术环境。盖顿以废弃房屋与街道为画布，创造了一个由废弃物搭建的特殊社区。

图 8-6　海德堡工程

8.3　实施策略

8.3.1　制定政策和法规

就城市公共艺术未来的发展而言,前瞻性政策与法规的实施是非常关键的环节。这些政策与法规旨在对公共艺术创新、可持续发展以及社会参与等方面进行引导与调控,从而保证公共艺术能够在社会环境变化下继续发展。笔者就当前阶段我国公共艺术发展现状进行分析,并有针对性地提出一系列对策措施。下面介绍几种有意义的实施方案。

建立城市公共艺术综合政策框架至关重要。城市公共艺术作品的公共性十分显著,它的价值不仅仅在于对公众的生活方式的影响,更在于对文化的认同。公共艺术的地位、目标与原则及资源的消耗与经费的扶持等问题都可通过政府制定有关政策得以缓解。基于此,必须要有一个健全的评估机制才能确保政策实施效果。为了保证公共艺术项目合法、优质、可持续发展,应在政策框架中对审批程序、管理机构、责任分工等作出规定,从而保证艺术创作合法和可持续发展。

保证决策机制透明和包容至关重要。公众既是参与方,又是决定决策结果最主要的因素。在公共艺术政策的制定与公共艺术项目的执行过程中,大众的主动参与非常关键。政府可以通过社区会议、公众听证会及线上平台等各种渠道广泛收集民意,使之有机纳入决策过程。政府可以促进公众同艺术家、规划者和学者之间进行对话和协作,从而保证公共艺术项目能够满足公众需要和兴趣。

强化艺术教育与人才培养并重。社会还应关注公共艺术对文化建设的影响。政府能够为各种艺术教育机构及专业培训机构提供经费,以便培训各种人才,其中包括但不仅限于艺术家、规划师及管理人员。另外,政府还可采取财政资助、税收优惠、贷款或者捐赠、购置设备、办展等形式来便利社会力量对公共艺术的参与。为增进大众对于艺术的理解与参与,政府应积极促进学校、社区及艺术机构等公共艺术教育项目的发展。

增强伙伴关系与协作至关重要。在协作方面,政府需明确责任分工,制定政策制度,健全激励机制。政府要和社区组织、艺术机构、学术界和产业界建立密切的合作伙伴关系来合力促进城市公共艺术繁荣。政府应给予公共艺术作品财政支持并鼓励企业对公共艺术作品进行投资。推进信息共享,经验互补与创新合作需要从资源共享、项目合作与数据交流几个层面进行协作。为推动公共艺术的决策与治理,政府可成立特别的艺术委员会或咨询机构来吸引专业人士与公众代表。

加强监管、建立评估机制同样必不可少。为了保证公共艺术项目实施的业绩与成效,需要政府建立完整的监控与评估机制来进行综合评价。对公共艺术活动进行有效的监测与管理可以确保公共艺术的良性发展。这一举措有利于评价工程实施效果、社会影响及艺术品质等,并为政府及相关利益方决策提供支持。要想确保公共艺术项目具有可持续性并能产生长期效益就要对其加以监督与评价,以便推动建立问责制。

加大宣传与推广力度是保证成败的关键。公共艺术的内涵、功能与结果可借助多种媒体与社交平台,在政府制定的宣传计划中广泛地传播给大众。另外,政府可采取政策扶持与资金资助相结合的办法来激励大众参与公共艺术创作。公共艺术认知与参与度可通过宣传获得增强,进而刺激大众对艺术创作的热情与兴趣。政府可通过举办公共艺术展览、艺术节等活动,搭建展示与交流的平台,进而促进艺术创新与交流。

由于政策法规实施策略对今后城市公共艺术发展起着关键作用,是促进城市公共艺术向前发展的一个重要手段。我国当前在这一领域存在缺乏系统性和可操作性的问题,为此有必要采取一系列有效措施,以促进我国城市公共艺术的良性有序发展。为了保证决策透明、公众参与、强化艺术教育与人才培养、推动合作与伙伴关系、强化监督与评价、强化宣传与推广等,各国政府应制定综合政策框架。另外,相关法律法规需要进一步健全,各个部门的责任需要明确,公共艺术项目需要加强扶持。通过这些举措的落实,城市公共艺术才能更好地适应大众的需要,促进文化发展,进而为城市创造更适合人类居住的公共空间与社会环境。

8.3.2 加强跨界合作与合作伙伴关系

加强跨领域协作和伙伴关系将是未来城市公共艺术发展的关键策略。在当今时代背景下,城市公共艺术有必要由关注艺术家走向关注公众。这一策略旨在通过与众多领域合作伙伴共同整合资源、交流经验、进行创新实践来推动城市公共艺术发展，增强城市公共艺术在社会中的影响力。在此基础上，笔者围绕跨界合作这一话题展开探讨，希望能够为今后相关工作的高效展开提供助力。下面将对这一策略的意义进行深入探究，并且对实践过程中的具体操作方式进行详细说明。

城市公共艺术多元的创作思路与艺术表达方式能够从加强跨界合作中得到更大的启发。跨界合作属于跨学科领域，涵盖了诸多学科，其中包含了美学、社会学、建筑学、心理学、经济学和计算机科学等诸多领域。艺术家、建筑师、设计师、科学家、工程师以及其他不同领域中的合作伙伴都有独特的专业知识与经验，能够一起探索出新的艺术形式与技术应用以达到共同的发展。跨界合作可以达到资源互补、优势互补、推动创新成果生产与转化、增大大众对于艺术文化产品的需求等目的。以跨界合作的方式，整合艺术、科技、工程及社会科学多领域智慧，以催生更多具有创新性与前瞻性的公共艺术。

跨界合作是由设计、研发、施工、经营、维修等一系列环节组成的。合作伙伴只有团结一致、一起募集资金、提供场所与便利、共享自己的知识与技术，才能推动工程顺利实施。政府、艺术家等利益相关者应以多种形式实现有效的交流与沟通。艺术机构可通过与商家的合作获得资金支持、资源共享，以达到合作双赢的目的；政府可组织艺术家培训，提高艺术家专业技能与专业素养，进而推动公共艺术作品创作与传播。政府还可以联合非营利机构推动公共艺术项目规划实施工作。同时也可借助于政府与民间资本进行多种形式的艺术交流活动。合作才能使艺术项目在有限的资源下获得长远可持续发展和最优化结果。

推动公众参与与社区合作的一个有效方式就是跨不同领域开展合作。在这种情况下，公共艺术作品作为重要的文化资源同样引起人们的重视。与当地社区及居民建立密切的合作关系，深入了解居民的需求及观点并将其有机融入艺术项目设计及执行过程，是合作必不可少的重要步骤。在公共艺术作品的创作与生产过程中，会牵涉到来自不同文化背景的人与人之间进行交流沟通，进而达到文化融合的目的。通过各种形式的工作坊、座谈会及社区活动，可以促进公众参与及社区合作，为艺术创作及文化交流搭建共同平台。

城市公共艺术通过跨界合作，其影响范围与社会价值能够进一步扩大。城市内的有关机构或者部门要以公开的态度，主动争取合作伙伴。公共艺术国际化与交流可由合作伙伴合力推进，进而促进各城市间的合作与联合创作。城市是文化传播与对话的主要阵地，是国际文化创意产业沟通与创新的重要舞台。通过与其他城市合作伙伴建立联系,促进跨城市公共艺术项目、展览及交流活动的开展,进而促进各城市间文化交流及艺术合作。跨界合作也有利于促进公共艺术吸引力的发挥,促进大众对文化创意产业的兴趣和审美情趣的提升。增强城市间的交流与借鉴,扩大公共艺术多样性与创新性,继而推动城市公共艺术在全球范围内的普及与发展。

8.3.3 投资和资源配置

未来城市公共艺术发展需采取有效的投资与资源配置策略,为艺术项目规划、设计、实施与维护提供支撑。这些策略涵盖经费、场地、人力资源以及技术设备,目的是保证公共艺术项目能够可持续发展并高质量的实施。下面就对未来城市公共艺术的投资与资源配置策略进行深入探讨。

1. 政府资助和配合

在城市公共艺术领域中,政府资助与合作发挥着举足轻重的作用。政府可建立专项基金为公共艺术项目开发与发展提供资金。另外,政府可与艺术机构、非营利组织及私营部门等结成合作伙伴关系来联合筹措资金及资源以推动公共艺术的实施。这些资金可供艺术作品在创作、安装、维修、陈列等各环节中使用。政府对公共艺术项目的资助可采取建立艺术基金、文化发展基金或者城市更新基金的方式,这些资金可采取政府拨款、捐赠以及合作伙伴提供资金等多种手段进行融资,以保证公共艺术项目能够持续运行。

政府可与艺术机构、非营利组织及私营部门等结成合作伙伴,联合募集资金及资源推动公共艺术的实施。政府可协同艺术机构以联合举办展览、艺术节或者文化活动等方式,向艺术家们提供一个展示及宣传的舞台。政府也可联合非营利组织及私营部门发展公共艺术项目以分享资源及经验并增加其成效及影响。这一合作伙伴关系能够在经费、场地和技术支持上互利共赢,促进公共艺术发展。

2. 私人捐赠和赞助

私人捐赠与赞助是对城市公共艺术进行扶持的重要方式。私人企业或个人可通过捐款、提供场地以及赞助艺术项目来对公共艺术进行经济和资源支持。政府可建立相关激励机制来激励私人部门对公共艺术进行投资与赞助。

私人企业可通过捐款资助公共艺术项目。他们可建立专项基金或者捐赠计划来资助艺术家及艺术机构。这些经费可供艺术作品创作、展览、巡回演出、教育项目和其他环节使用。另外,私人企业也可通过赞助或者合作伙伴关系等方式资助具体公共艺术项目。这类私人企业捐赠与赞助在给公共艺术带来经济支持的同时,也增强了其社会责任感与品牌形象。

私人企业可提供现场及场地设施供公共艺术展示及表演。他们可以向艺术家和艺术机构开放企业办公楼、工厂或商业空间,用于临时展览、演出或艺术创作。这一合作能够给艺术家们提供一个展示与创造的舞台,还能丰富企业文化内涵与形象。私人企业也可提供专业设备及技术支持以协助艺术家完成更有创意、技术含量更高的工作。

政府可建立相关激励机制来激励私人部门,从而对公共艺术进行投资与赞助。政府可给予税收优惠政策以鼓励私人企业或个人向公共艺术项目进行捐赠与赞助。政府也可通过评选及奖励制度来奖励及鼓励对公共艺术领域有杰出贡献的私人捐赠者及赞助商。这一激励机制能够进一步推动私人部门对公共艺术的介入与扶持。

3. 资源整合和共享

有效地进行资源整合与共享,是提升公共艺术资源使用效率的关键。各部门、各单位间可实现场地、设备、专业知识及人力资源的共享,避免了资源浪费及重复投资。搭建资源共享平台,便于高效地进行资源配置与使用。

不同的机构与场馆都有其展览空间、演出场地与设备设施。通过搭建资源共享平台可使艺术家及艺术机构充分利用共享资源,从而降低场地租赁及设备购买等费用。政府能够起到协调与整合作用,推动场地与设备资源共享,更好地为公共艺术项目的呈现与创造提供条件。

专业知识与人力资源共享能够提升公共艺术项目质量与成效。不同的机构与组织都有自己的艺术专家、策展人、艺术管理人员以及其他专业人才。通过构建艺术人才交流与合作机制能够达到专业知识与人力资源共享。艺术家及艺术机构可通过合作项目、训练及研讨会,交流经验及知识,以促进艺术创作及管理水平的提高。政府可鼓励及支持此类专业知识及人力资源的分享,并提供有关的训练及交流平台。

资源整合与共享也能推动公共艺术项目的多元合作。不同的部门或机构可通过合作项目,联合规划及展览,达到资源互补。政府在公共艺术项目中可起到协调与引导作用并推动多元合作。通过构建合作伙伴关系能够联合募集资金与资源,共享风险与回报,增强项目可行性与影响力。

在资源整合与共享过程中政府能起到重要的指导与扶持作用。政府可建立有关政策、规定,以鼓励各部门、各单位资源共享。政府也可通过搭建资源共享平台为信息与沟通提供通道,推动资源高效分配与使用。同时,政府可提供经费与技术支持以协助资源共享机制的建立与维持。

4. 人力资源的培训和合作

要完成优质的公共艺术项目就必须有相关专业知识与技术的人力资源。政府可通过加强艺术从业人员培养教育来提升他们在艺术设计、规划、管理与宣传领域的技能。另外,各领域合作伙伴之间还可进行人才交流与协作,共同提高人才的素质与能力。

政府可以设立艺术教育和培训机构,提供系统化的艺术教育和培训课程。通过和院校合作,开设与艺术设计、艺术史和艺术管理知识与技能相关的专业艺术课程。政府可出台有关政策鼓励与扶持学生参加艺术教育与训练,培育艺术人才。

政府可通过与艺术机构、高校及职业培训机构的合作伙伴关系来联合实施人才培养项目。这类合作可通过实践项目的开发、实习与交流活动让学生在实践中积累经验与技巧。政府可提供经费及资源支持以推动艺术教育及培训机构的对接。

各方面合作伙伴之间可进行人才交流与协作,共同提高人才的质量与能力。政府可鼓励艺术机构、文化机构、大学、企业及非营利组织等多方合作,进行艺术人才交流与培养。这类合作可通过举办工作坊、讲座和研讨会来推动各专业人员在各领域内的交流与研究。

政府可通过构建艺术人才评价与认证体系来为艺术从业人员职业发展提供扶持。政府可成立专门评估机构来评估与认证艺术从业人员的才能与表现。这样就能为艺术从业人员在职业发展上提供公正、透明的引导与支持。

5. 技术设备和创新应用

未来城市公共艺术的发展与先进技术设备、创新应用是密不可分的。政府及合作伙伴可在数字技术、虚拟现实技术、增强现实技术、互动装置技术设备上进行投资,丰富公共艺术表现形式及体验效果。同时,投入创新应用与技术研发能够促进公共艺术数字化、互动化与可持续化。

数字技术给公共艺术以全新的表现形式。通过数字艺术创作与呈现,艺术家们能够借助计算机图形、虚拟现实以及互动技术来创作丰富多彩的艺术作品。数字艺术可动态多变地表现出来,并通过投影、LED 显示屏、数字装置表现于城市公共空间中。受众可通过互动装置、触摸屏等介质，实现与艺术作品的互动创作，营造个性化的艺术体验。

投入创新应用与技术研发，能够促进公共艺术数字化、互动化、可持续化。政府与合作伙伴可支持艺术家与科技专家合作，推动艺术创作与技术创新相结合。比如以智能手机应用为载体的导览系统的发展能够提供更加丰富的艺术解说与互动体验，使受众在任何时间、任何地点都能对公共艺术作品进行了解与参与。采用可再生能源及智能灯光系统可使公共艺术作品节能环保，促进可持续发展。

第九章

结论

9.1 研究成果与主要发现

本著作从创意实践视角、城市规划视角、社区视角以及未来趋势几个角度论述了城市公共艺术对提升城市形象、推动社会参与、促进可持续发展的重要性。并且指出了目前我国城市公共艺术建设所面临的问题和解决办法,以期对未来城市公共艺术创作和研究起到一定的参考和借鉴作用。下面介绍本著作的主要研究结果与结果。

在城市公共艺术领域,艺术表达方式的革新起着关键作用。城市作为人类文化和自然结合最密切的载体。城市中的艺术作品,由于艺术家们别出心裁的创意与表达方式,展现出了多姿多彩的风貌。近些年来,部分新媒体技术不断引入公共艺术创作当中,使得城市公共艺术出现多元化的发展趋势。这些艺术品在给城市环境添上亮丽色彩的同时,也引起大众极大兴趣与深刻反思。随着社会科技水平的日益提升,人们对于精神生活提出了更高层次的要求,同时这一要求也推动了艺术领域的发展和进步。数字艺术、虚拟现实和互动装置等多种技术手段的运用给大众带来独特的艺术盛宴,使富有新意的艺术表达充分呈现出来。

公共艺术从城市规划角度出发,发挥着不可或缺的作用,给城市发展带来重要推动。公共艺术作品既可以反映一座城市的人文历史、地域特色,又可以提升这座城市的品位、形象。城市文化氛围与吸引力通过公共艺术宣传显著增强,给居民带来多姿多彩的文化享受。在人们对于生活品质的要求不断提高的今天,城市的建设也需要更多元化、更人性化。通过对公共艺术作品的合理布局与策划,能够促进城市空间功能性与可持续性的发展,进而改善居民生活品质。将公共艺术设计融入城市景观环境中,既可以美化街道环境又可以满足人的精神需求,提升城市品位,将其打造成一个富有地域特色、历史文化底蕴深厚的现代大都市。公共艺术既是城市形象的代表又是树立城市特有文化品牌的重要工具。

从社区视角弘扬公共艺术有利于调动社区居民参与积极性与合作精神。公共艺术作品给人们带来了审美愉悦,同时提高了生活品质。公共艺术项目同社区居民密切协作,提供更多优质服务以满足其需要和兴趣。社区内公共艺术活动的开展,有利于丰富城市生活,改善人居环境。参与社区活动既能促进居民对公共艺术项目的认同度与参与度,又能启发其创造性思维与社会责任感。笔者对社区视野下社区公共艺术工程设计的原则与策略进行了分析。公共艺术项目从社区视角出发,更注重社区独特性与文化传承,进而创造社区归属感与凝聚力。

未来城市公共艺术将会迎来无数挑战与机遇,这就要求我们必须不断地进行探索与创新来满足社会需求的变化。传统的公共艺术已经无法满足人民群众不断增长的精神文化需要,现代信息技术则为人类带来了全新的生活模式。公共艺术以技术发展为动力,展现了一种新的表现与体验方式,数字艺术、虚拟现实以及互动装置等前沿技术被广泛运用,这将是艺术发展的一个潮流。这些转变为公共艺术作品的表达提供了更宽广的空间。就环境保护、可持续发展以及社会参与等问题而言,公共艺术要想促进自身的发展与繁荣,还需进行更积极的探索与实践。在城市规划、社区参与、文化保护与技术创新之外,公共艺术需要更加密切地融合与协同才能推动自身的长远发展与社会影响力。

本次研究从城市公共艺术创新实践角度、城市规划角度、社区角度和未来趋势等方面进行深入探究。本著作采用文献综述法、案例分析法等研究方法,综合运用理论分析和实证调研方法对中国城市公共艺术的发展进行了多角度的探索与研究并给出了相应的对策建议。结果发现公共艺术对提升城市形象,促进社会参与和可持续发展具有关键作用。目前我国城市公共艺术仍然存在很多问题,如缺乏系统性的规划与管理、缺乏与其他种类设计活动相融合、专业设计人才匮乏。但是,城市公共艺术面临挑战之时,也蕴藏着诸多潜在发展契机,其中有但不仅仅局限于技术创新,社会参与以及文化保护方面。另外,城市公共艺术能够有效地引导市民对城市环境问题的重视,改善居民的生活质量,同时也能够提升城市的活力和吸引力。城市公共艺术要实现艺术价值、社会影响以及可持续发展目标就需要从政策支持、资源投入、跨界合作、社会参与以及技术创新等方面采取一系列综合策略来推动城市公共艺术全面执行。

城市公共艺术的繁荣发展中需政府、艺术机构、社区居民等多方参与,从而构成一个复杂而多元的过程。伴随着城市化进程的不断加快和人民对于美好生活追求的不断提升,城市公共艺术这一新型设计理念在新时代背景下会越来越多地呈现在大家眼前。唯有通过不断的创新和协作,方能为城市营造一个更加优美、更具活力的公共艺术生态。与此同时,新时期中国城市化进程不断加快这一背景也对城市公共艺术提出了一定的挑战。为此,笔者提出有关方面应加强交流与协作,出台前瞻性、可操作性强的政策、计划,增加城市公共艺术投入及资源支持,积极倡导社会参与,弘扬民主文化,从而推动城市公共艺术走向繁荣、多元与可持续。

从整体上看,城市公共艺术在城市发展中占据着举足轻重的地位,表现出丰富多样的创作与表现。它的主要作用不仅是塑造优良的城市空间形态、改善城市生态环境、提升人民生活质量,而且还积极促进社会参与、文化传承与可持续发展。伴随经济全球化进程的加快与城市化水平的提升,我国城市公共艺术获得了前所未有的繁荣发展,但是也出现了诸多的问题与不足。未来城市公共艺术在政策支持、资源投入、跨界合作与社会参与的共同推动下会迎来更广阔的前景与更复杂的挑战。还要求我们要不断地去研究和实践,才能让城市公共艺术发挥它应有的真正功能。

9.2 研究的局限性与未来研究方向

尽管本书对于城市公共艺术的创作实践、城市规划视角以及社区视角等方面进行了深入探讨,但其研究范围仍存在一定的限制,需要进一步深入挖掘。从理论分析层面看,仍需对有关问题予以进一步重视。在随后的论述中,将对这些限制条件进行深入探究,并对今后的研究提出方向与建议。

关于城市公共艺术创作实践与社会影响的研究,对艺术作品审美价值与艺术性的论述比较少见。基于这一前提,本著作以艺术作品中存在的美感特质为切入点,并结合有关理论与作品实例,分析艺术作品的美学意义及其对公众产生的心理作用与影响力。未来研究可深入探究艺术作品的审美特征与价值及其对公众感受与体验的影响等问题,从而为我们深入认识这类作品提供一个全新的角度。

目前,关于城市公共艺术在城市发展与社会参与中的作用,学术界研究多集中在它的经济效应与商业化等问题上。笔者以城市公共艺术作品市场现状为切入点，在对我国公共艺术产业化发展过程中出现的问题进行剖析的基础上，对促进城市公共艺术产业市场化运作提出一些建议与措施。探讨城市公共艺术在文化产业与创意经济中的开发潜力，在商业化与经济可持续性中找到一个平衡点是今后研究的一个重要方向。

本书对城市公共艺术的差异性与特殊性论述比较缺乏。与此同时，城市公共艺术作品并未被置于具体的环境或者历史脉络中去审视它们的价值与意义。今后的研究可通过比较分析城市公共艺术实践中不同区域与文化背景的相同点与不同点，从而深入了解其对不同背景中的社会与文化产生的作用。

本书虽然探讨了未来城市公共艺术的发展趋势与挑战，但仍需进一步探讨应对这些挑战的策略与方法。所以，未来一段时间要以更加广阔的视野去考虑公共艺术作品发展的方向和设计思路。如何在城市规划中有机融合公共艺术，怎样利用数字化技术创造更多交互丰富的公共艺术作品及怎样强化社会参与与民主文化。

基于已有专著提供的理论基础与实证研究，可对公共艺术领域存在的一系列尚未解决的问题与新的挑战进行深入探究，从而对今后的研究走向给予更深刻的启发。下面介绍一些值得深入讨论的潜在研究领域。

(1)跨学科研究。

公共艺术这一领域涉及多门学科的交叉介入，今后的研究应更多关注于跨学科研究方法与理论框架的探讨，从而促进公共艺术的发展。多视角、多维度地对公共艺术展开全面、系统的分析与思考，这是今后必然的趋势。探讨公共艺术所产生的综合影响与多元价值需要结合城市规划、社会学、心理学、文化研究及艺术史等各方面的知识。

公共艺术研究能够在城市规划领域中得到重要线索与框架。在历史上，城市公共艺术的发展经历过萌芽时期、探索时期、繁荣时期三个不同的发展阶段。公共艺术的布局和整合是城市规划学家们在进行城市设计、空间规划和社区发展时都要深刻考虑的一个重要问题。规划师可借助公共艺术塑造城市形象、增强公众参与度与认同感、为公众提供良好环境等。城市规划的理念和实践还可以对公共艺术设计起到理论指导作用。公共艺术项目在规划与实施过程中需遵循城市规划原则与理论。

公共艺术对于社会与个人所产生的影响可通过社会学与心理学的研究而获得深入探讨。公共艺术对于人们来说，不仅能够促进自我认同感和生活质量的提升，同时也有利于民族文化自信的加强。社会工作者可以站在公众的角度来评价公共艺术创作。公共艺术对个体情感体验、社交互动以及创造力激发过程中情绪与行为的影响可由心理学家进行深入探究。另外,研究者还可从心理学的角度探讨不同人群在公共艺术作品中的情感反应差异。公共艺术作品对于人的情感、态度与行为的影响机制可从跨学科研究中获得更深刻的理解。

以文化研究为视角,可以挖掘公共艺术对文化传承、文化认同与文化创新的重要作用。公共艺术作为一种特殊类型的艺术作品具有鲜明的时代特征及审美特征,它不仅承载着特定时代的文化信息,而且还通过自身所蕴含的价值来实现文化传播的作用。学者可把研究重点放在公共艺术是如何反映与传达某一社会与群体的文化价值观念,公共艺术是如何干预与推动文化认同形成与转变等方面。探讨公共艺术在文化创新与文化产业中所扮演的角色也是值得进一步研究的议题。

(2)跨文化比较研究。

不同文化环境中公共艺术呈现方式及其产生的社会影响表现出多样性。我国幅员辽阔、民族较多,区域间经济发展的不均衡造成各区域公共艺术设计的巨大差别。未来研究可采用跨文化比较的方法深入探讨不同区域与国家公共艺术实践,从而揭示共性与差异性,探索文化因素与影响机制。

横跨不同文化背景下的比较研究,可多层次深入探讨。可对同题材或主题作品作纵横对比。对不同地域、不同国家的公共艺术形式、创作风格都可加以对比。通过不同区域公共艺术作品的对比,揭示不同文化背景中的审美倾向、艺术表达方式和艺术符号使用的异同。

通过跨文化比较研究可深入探讨公共艺术对不同社会和群体所产生的社会效应。公共艺术作为重要的文化现象之一,是民众在日常生活方式与生活理念转变过程中所形成的社会意识形态。通过比较各国各地区的公共艺术实践,可以深入了解公共艺术对于社会凝聚力、社会认同与社会变迁所起的作用。通过对不同文化背景的公共艺术进行比较,能够更加深刻地了解它们在社会发展与社会关系中的差异性作用。

在跨文化比较研究中,公共艺术中文化因素的作用必须得到充分的考虑。在西方国家所进行的相关实证调查发现,不同文化间具有明显差异。公共艺术在表现形式与接受程度上都会受不同文化背景中价值观、信仰体系、审美观念的影响。现代城市空间中人们对公共艺术的表现方式的认识也渐趋多元,所以认识不同文化之间的区别以及其内涵,将有助于对不同文化环境中公共艺术作品表现形式的认识。所以,研究者通过深入研究与对比不同文化在艺术传承、社会结构以及观众需求上的差异,能够揭示出文化因素在公共艺术中所起到的作用。

对跨文化比较研究来说,有必要深入探究不同国家或地区公共艺术政策与机制上的不同。公共艺术发展与实践会受不同文化政策、资助机制、艺术教育体系的影响。通过比较分析不同国家不同区域的政策环境与管理模式,研究者能够探讨其对于公共艺术的扶持与影响,以更好地理解公共艺术发展趋势。

(3)可持续性和环境保护。

公共艺术作品可持续性与环境保护问题成为今后研究的中心问题。笔者通过分析论述了当前我国公共艺术领域所面临的多种弊端。笔者探讨了在公共艺术创作及运营中,如何利用可持续发展理念及环境保护原则促进公共艺术实践可持续发展以及对环境做出积极贡献。

在公共艺术创作与选材过程中要注意作品可持续性与环境友好性才能保证其可持续发展。随着人们环境意识增强,需要公共艺术作品更具环保理念。艺术家们能够利用可再生材料、可回收材料或者可降解材料作为创作的依据。可持续设计以自然为本、以尊重人类生命价值为原则。使用可持续发展的材料,不仅可以减少对环境的影响,还可以传递环境保护的价值观。公共艺术作品在设计中应兼顾生态美学原则、尊重自然和保护生态环境,将作品打造成人与自然协调相处的环境文化载体。公共艺术项目发展过程中要重视资源有效利用与能源高效使用,降低自然资源消耗与环境污染。

要想保证公共艺术能够持续地运行与养护,就必须采取可持续运行与养护。公共艺术的经营要在绿色发展理念的引导下,通过资源利用率的提升实现经济效益最大化。公共艺术项目能源消耗与碳排放可通过引进可再生能源提供电力,使用节能灯光系统以及智能控制技术来有效降低。公共艺术作品在设计时要遵循绿色化原则,表现生态主题才能达到艺术与环保融合的效果。在公共艺术作品维护和保养中,要格外注意它们对于环境是否友好,使用环保清洁剂及材料来减少它们对于生态环境的不利影响。

在公共艺术项目上进行社会参与与教育活动既能推动可持续发展又能增强环境保护的意识与觉悟。笔者以城市公园为例,从设计的角度论述了如何使市民参与城市空间。开展社区参与活动,开展环境教育讲座及工作坊等有利于促进公众环境保护意识与参与度。另外,公共艺术作品自身的文化价值还能唤起人们尊重自然的情感。以公共艺术作品为媒介可以唤起民众的环保意识与行为,刺激民众主动参与并投入环保活动中去。

探讨评价公共艺术项目环境影响及可持续性表现的可持续性评估工具与指标是一个值得研究者们进一步研究的问题。笔者在阐述公共艺术项目概念与内涵的基础上,对公共艺术项目所具有的社会经济、文化以及生态价值进行分析。以公共艺术项目为例,以实证研究为手段,深入探讨公共艺术项目在可持续发展过程中的成就与挑战。通过对公共艺术实践的指导与借鉴来推动可持续发展,以达到促进社会进步的目的。

(4)技术创新与数字化。

伴随着技术的不断创新,数字技术与创新手段已经在公共艺术领域发挥着日益显著的作用。数字技术极大地冲击着公共艺术的发展,在给大众带来全新审美体验的同时,也变革着传统创作方式与传播渠道。未来研究应探讨数字技术在公共艺术领域中的运用,如虚拟现实、增强现实与人工智能等技术,同时也要探讨其在观众参与、艺术表达与社会互动中的作用。

公共艺术由于虚拟现实、增强现实等技术的提出,使大众获得新的感官体验。分析虚拟现实和增强现实这两种数字媒体新技术手段对于公共艺术的冲击。运用虚拟现实技术可以营造身临其境的意境,将受众带入虚拟艺术境界中,与艺术作品交互探究。增强现实技术是建立在计算机图形与图像处理技术基础上的交互式显示手段。运用增强现实技术可使虚拟艺术元素和真实场景得到完美结合,通过移动设备或者头戴式显示器展现给受众,展现逼真的艺术画卷。虚拟现实技术与增强现实技术相结合应用于公共艺术创作,能够让艺术家使用多种手段创作风格独特、情感表达丰富的作品,同时还能在各种媒介的辅助下进行信息传播。借助这些手法,受众可以沉浸在艺术作品中,使公共艺术在表现形式与观赏方式上都有所拓宽。

在目前的研究范围内,人工智能技术在公共艺术领域的运用已经成为一个受到人们广泛关注的一个重要话题。将人工智能与传统艺术结合在一起不仅可以让艺术创作变得更丰富、更多元,而且可以提高艺术品审美价值、推动文化传承与发展。艺术作品的产生、解读与交互等都可以借助于人工智能。将人工智能技术引入艺术创作,可以促进作品质量的提升,丰富艺术作品的表现形式,提高其传播效率。人工智能技术例如产生对抗网络(GAN)给艺术家们提供了独特的方法,让他们可以创造出独特的艺术作品。另外,智能视觉系统的搭建也可以实现作品的情感识别,使受众更加易于了解作品内涵。与此同时,人工智能还可以应用到观众的参与与交互过程中,以数据分析与智能算法相结合的方式给使用者带来个性化艺术体验。数字媒体环境中,艺术创作者或者传播者把自己的作品数字化处理后通过网络传播出去,从而产生了新的虚拟艺术形态。公共艺术正是因为使用了这些手法才能够展现出更加个性化、智能化的风貌。

另外,数字技术已深刻形塑公共艺术中观众参与与社会互动的方式并对之产生深远影响。数字平台以及社交媒体给观众提供了与艺术家、其他观众交流分享的舞台。与此同时,观众在参与交往的过程中本身就得到情感上的体验。公共艺术互动性与参与性的提高,使得它不再只是观赏的形式,而成为更开放、更具有分享价值的社会活动。数字时代的来临使得公共艺术传播的过程结构发生变化,从单向度走向双向互动。数字技术给公共艺术的社会互动带来了新的契机和可能,推动着观众之间、观众与艺术家间的交往与沟通。

(5)社会参与和民主文化。

对公共艺术的社会参与与民主文化研究是一个关键的探索领域。未来研究则会深入探究如何推动公众参与与社会民主文化的发展,并通过导入新的参与模式与创新社交媒体策略来增进民众对于公共艺术项目的理解、参与与回馈。

探讨公共艺术项目中社会参与与民主决策的过程是值得我们进一步研究的问题。公众参与有很多方式,其中有但不仅限于参加公众听证会、社区研讨会和公共艺术项目征集活动等。其中公众听证就是比较成熟和行之有效的办法。对公众参与的实践案例和经验进行深入的研究,我们不难看出它对公共艺术项目决策和实施起着必不可少的作用。公众可通过不同的视角、不同的层次,了解工程的进度及今后的走向。另外还可探讨建立民主参与机制来推动更多的利益相关者加入公共艺术项目策划与管理中来。

探索如何运用创新社交媒体策略促进公共艺术项目中大众的感知、参与与反馈是一个值得进一步研究的问题。笔者分析了公众对于社交媒体上公共艺术项目话题和相关资讯所持的态度以及他们之间的互动方式,讨论了不同种类的公共艺术项目选择什么样的策略。社交媒体平台是信息获取、观点表达以及研讨参与的重要途径,它给公众提供了一个广阔且深度的通道。笔者就如何运用社交媒体策略,推动公众对于公共艺术项目进行讨论、交流展开讨论。通过建立有效的社交媒体策略能够提高大众对于公共艺术项目的重视程度与参与程度,进而推动项目的开展。本篇笔者站在公众的角度,以具体的实例来讨论新媒体在公共艺术项目的运用。参加互动活动、开展线上问卷调查、利用艺术家社交媒体账号,通过各种形式促进公共艺术与观众之间的互动交流。大众对于公共艺术越来越重视,使之在社交媒体中传播力越来越强。借助社交媒体互动性强、即时性强的特性,能够促进公众与公共艺术项目的交流与沟通,进而加强双方的交流与对话。

公共艺术项目对社会与文化的影响同样值得我们进一步研究。笔者从公共艺术这一特殊角度切入,并以城市记忆为例,剖析了它在各个阶段所扮演的角色以及它的变迁历程,并在此基础上归纳了公共艺术对城市形象传播所具有的价值和意义。公共艺术这种社会文化表达形式能深刻地影响社会认同、凝聚力和社区参与。同时也可以促使人们养成共同的意识,并将这种意识融入日常生活中,以达到公共艺术促进社会文化建设及社会进步的目的。公共艺术项目的社会影响与文化塑造可以从实证研究与理论探讨两个方面进行深入分析,以期让读者有一个更全面、更深入的了解。笔者将首先对公共艺术内涵进行剖析,然后探讨公共艺术对民主政治、公民意识、城市精神塑造等方面可能产生的影响。公共艺术对民主文化的发展和社会的可持续发展起到了重要的促进作用,对此我们要深刻地认识到这一点。

(6)可视化与空间分析。

公共艺术作品在空间布局与视觉效果上对塑造观众的认知与情感起着关键性作用。本著作以视觉心理学为视角,通过对相关文献和实例的分析说明公共艺术这一特殊设计手段可以有效改善人类与环境的关系。未来研究将借助可视化技术和空间分析方法,探讨公共艺术作品对城市环境的分布和影响,从而深入理解其对城市生态系统的影响。通过地理信息系统(GIS)与三维建模技术的应用,可以对城市空间公共艺术作品的布局与视觉表现进行深入探讨,及其在城市形象、居民行为、社会交往等方面的作用。

公共艺术作品空间布局与视觉效果分析可借助于视觉技术来优化与升级。通过地理信息系统(GIS)工具的使用,研究者可以定量分析公共艺术作品所处的地理位置、空间分布以及可视范围,以深入探讨公共艺术作品内在本质与外在特征。深刻认识城市公共艺术作品的分布状况及其对城市景观视觉效果所产生的效果,有利于我们更加全面地认识公共艺术作品所具有的城市地位与功能。通过调查发现公共艺术作为城市形象塑造的最主要载体,它在给人们带来美好精神享受的同时也促进了市民生活质量的提高。公共艺术作品对城市环境的促进与影响可借助可视化技术进行直观展示。

研究者运用三维建模技术能够对公共艺术作品在城市空间的呈现方式与视觉效果进行深入探讨,进而得到更深层次的理解。利用三维建模与可视化技术可以模拟公共艺术作品从不同角度与观看位置呈现出来的风貌与空间感受,进而展现它特有的艺术魅力。通过公共艺术虚拟场景的搭建,达到研究对象真实感再现的目的。

通过评价公共艺术作品在视觉上的吸引力、可视性和空间关系及其与周围环境之间的互动关系,可以帮助研究者更加深刻地认识作品的艺术价值。笔者在分析和总结国内外有关研究成果的基础上,提出在城市雕塑设计过程中引入三维建模技术,推动其不断发展与完善的思路。运用三维建模技术可以模拟出观众在公共艺术作品中的运动轨迹与互动方式,进而对观众的感受与感知有更深的理解。

通过可视化技术与空间分析方法的应用,研究人员可以探索公共艺术作品在城市形象与居民行为塑造过程中产生的作用。在此过程中,通过观察不同公共艺术作品种类可视范围内人与人之间心理感知的变化,可进一步认识公众的心理状态和活动规律,并以之为契机,对人们今后的生活方式、消费需求等进行了预测。公共艺术作品的视觉诉求对城市景观中的城市形象和城市认同有着深刻的影响,这一点值得深入研究。另外,大众还能对公共艺术作品有不同角度的认识与鉴赏。可探讨公共艺术作品对人与人行为及社会互动的启发与引导效应。所以笔者从上述两个方面入手,论述公共艺术作品对城市形象的提升与城市认同感的塑造具有的重要促进作用。对公共艺术作品空间布局与视觉效果进行深入探讨,可以为公共艺术规划与设计提供科学的依据与指导。

(7)社会正义与包容性。

作为公共资源的公共艺术应着眼于社会正义的推进与包容性的增进。未来研究则探讨公共艺术如何增进社会的包容性与平等性,及公共艺术项目规划与实施时,如何兼顾不同社会群体的需要与权益。

公共艺术作品对推动社会多元化与包容性作用显著,值得进一步研究。通过对可聚焦性理论在公共艺术中的作用和价值进行分析。公共艺术作品可以成为推动不同社会群体间对话与相互了解,进而增进跨文化交流与理解的一个平台。公共艺术作品以多种形式对信息进行表现和共享,从而影响着人的价值和行为方式。探讨公共艺术是如何反映与传达不同文化、种族、性别以及社会阶层等价值观念以促进社会多元化与包容性发展是研究者们要深入讨论的问题。笔者通过对不同社会群体对公共艺术创作作品所持态度及公共艺术作品对其所产生的巨大影响进行剖析,揭示了公共艺术既可以提供一个多元文化交流平台又可以为人类命运共同体的建设尽绵薄之力。通过深入剖析不同社会群体对于公共艺术作品的接受与影响,可以了解公共艺术作品对于增进社会正义与包容性的巨大潜能。

公共艺术项目策划与实施中如何兼顾不同社会群体的诉求与权益值得进一步研究。公共艺术是多学科参与的复杂体系,它需要多学科知识与方法的支持。在进行公共艺术项目规划与设计时,需要综合社会公正与包容性的基本原则来保证人人能够平等参与。公共艺术项目的设计和建设过程中,要兼顾个人利益和公共利益之间的平衡。公共艺术设施的分布与可及性应在社会经济地理的视野下加以考量,以免资源过于集中与失衡。同时也要考虑到市民对于设施的认同感和归属感,确保市民能够得到相应的实惠。另外,公共艺术项目在内容与题材上应注重不同社会群体关注的议题与利益,在鼓励社会群体主动参与的前提下,保证社会群体的声音能够被充分听取。

探索公共艺术项目如何与社会公益事业的有机结合,促进社会正义与包容性综合发展。公共艺术可以和社会组织和非营利组织联合进行工程以关注社会问题和保障弱势群体权益。与此同时,公共艺术作品的设计创意性与艺术性,也能够引发人们对于生活中种种现象与事件的关注。公共艺术可以引起社会对不平等与歧视问题的重视,进而促进社会正义与宽容。

(8) 教育与社会影响。

公共艺术教育的潜能和它在社会中的作用。探讨公共艺术在教育领域的运用,包括学校艺术项目与社区教育活动及其对社会认同、价值观与凝聚力等方面的影响。

在教育领域中,公共艺术可以看作是启发学生创造力、想象力以及跨学科思维发展的重要途径。公共艺术课程能够给给学生带来丰富多彩的学习内容和新颖的学习方法,在提升学生的综合素质的同时也能够让学生提高自主学习意识。公共艺术项目对学校给予大力支持,使学校为学生们提供参与创作的机会。而学生接受公共艺术教育能够启发更多的创作灵感,让学生对自身所处环境的内涵与价值有更深入的认识,从而增强学生的创造性思维能力。学校在与艺术家和文化机构的合作中,可以让学生对艺术创作过程以及艺术表达方式进行深入理解,进而对公共艺术产生更深层次的共鸣。而公共艺术作品作为学生学习过程中不可或缺的一部分,既能让他们对社会生活有新的认识,又能让他们对公共艺术这一命题产生新的理解。此外,公共艺术作品也可以被看作是课本教材,通过阅读艺术作品并对其进行观察与解读来提高学生的审美品位并激发学生的批判思维。

除学校艺术项目外,公共艺术也可借助社区教育活动推动教育推广与社区参与。社区是由公园、广场、街道以及其他可作为艺术资源的多种空间与设施组成的大体系。公共艺术项目可与社区机构、社会组织及志愿者共同进行艺术培训及文化活动,从而为社区居民的学习、娱乐提供各种机会。社区成员可借助社区资源进行创作和演出,使公共艺术形式不断丰富。公共艺术通过社区教育活动的介入,可以推动社区文化多元化发展与社会互动发展,进而提升居民文化素养与生活质量。

除教育领域外,公共艺术在社会中的作用还体现在形塑社会认同、形塑社会价值观和提升社会凝聚力等方面。所以,就公共艺术而言,大众既能感到心灵的满足又能得到审美的享受。公共艺术作品有传达社会历史、文化及价值观念的功能,因而成为艺术的重要形式。公共艺术能够成为社会信息传播的媒介。公共艺术通过特殊的艺术表现与互动方式推动着社会与身份认同感的产生。公共艺术这一文化现象既能引发社会对重大著作的深入讨论与思考,又能促进社会进步与变革。公共艺术品是公共性作品的一种形式,其表现的内容既体现了时代的发展和变化,又代表了人们对社会生活方式的一种态度。另外,公共艺术作品的展示与参与过程有利于增强社会凝聚力,增进社会成员间的交往与沟通。

(9)文化保护与创新。

公共艺术是文化遗产中不可分割的一部分,需要对它进行适当的保护,才能保证对它的继承与发扬。我国目前的公共艺术设计中出现了这样那样的问题。未来研究在对公共艺术作品进行保护、修复以及维护技巧的探讨时,也会对当代艺术元素在保护时的融入方式进行探讨,从而达到传统与创新的完美结合。

公共艺术作品保护与修复技术是目前人们关注的焦点。伴随着社会发展与科技创新,公共艺术对于人类文化生活的重要性日益凸显,并已成为日常生活中不可或缺的组成部分。公共艺术作品往往会遭受到来自自然的腐蚀、人为的损害等威胁,这都会给作品的艺术价值造成不利影响。要想将它的历史文化价值和艺术审美特征较好地保留下来,就需要对它进行切实的恢复处理。研究者们可以探索一种新的材料与技术来保护与还原公共艺术作品原有面貌与材料特性。笔者从艺术学的视角,分类归纳了公共艺术修复的方法。利用各种技术手段修补损坏的部分、清洗表面和加固结构等,从而保证结构完好,以有效地改善环境和永久地保存艺术。同时学者还可讨论如何平衡保护与展示的关系,从而保证公共艺术作品中包含的历史文化价值能够被恰当地保留下来。

研究时,可探讨如何把当代艺术元素纳入保护范围,从而实现更高层面的保护与继承。在理论方面,当代艺术元素能够通过分析与提炼,运用到公共艺术创作中去,从而达到提升作品价值的目的。传统的公共艺术作品往往与具体的历史、文化背景密切地交织在一起,但在时代不断发展变化的过程中,当代艺术元素被注入其中,给公共艺术带来了更加强大的生命力与吸引力。也给城市文化建设带来了新的方向。对公共艺术作品而言,研究人员可探讨如何向人们提供创新的艺术语言与表达方式,既能维护传统,又能给当代文化搭建很好的舞台。艺术家、设计师及社区一起探索新的理念及艺术形式来达到传统与现代完美结合。

探索公共艺术作品数字化和可持续发展是一个亟待重视的问题。公共艺术是一种特殊类型的文化产品,公共艺术的设计和传播需将以人为本作为核心理念。数字技术的运用能够对公共艺术作品的信息与形态进行有效记录与保存,进而为日后的修复与继承提供强有力的支撑。数字化使得公共艺术作品在创作与传播过程中达到标准化、规范化。数字化时代给公众带来了更广泛参与与互动的机会,借助虚拟展览与在线平台,人们对公共艺术作品的理解与鉴赏也日益深入。数字化时代,公共艺术作品的保存需要关注其安全性、实用性以及艺术性,这样才能满足当前大众的需求,进而给公共艺术的创作带来良好的机遇。与此同时,针对公共艺术作品可持续发展问题,研究人员可从绿色材料运用、能源节约设计、社会参与几个方面进行探索,从而达到可持续保护与传承。

(10)经济效益与商业化。

公共艺术作为一种创意行业,要想获得可持续发展就必须兼顾经济效益与商业化。当前国内公共艺术设计无论是商业意识、设计理念、还是市场开发都需要强化。未来研究应探讨公共艺术对文化产业的发展潜力及如何寻求商业化与经济可持续性的平衡。

公共艺术在文化产业中占有重要地位,发展潜力很大,值得我们进行深入的研究。公共艺术作品以政府为主导,以市场化运作方式生产经济效益、社会效益和生态效益,有独特的精神品质、审美属性和商业价值。公共艺术作品以其特有的艺术价值与文化内涵可以看作是文化旅游、创意产业与艺术市场领域不可缺少的重要内容。公共艺术作品以展现城市的独特风貌和人文历史底蕴,满足公众的精神需求,推动地方经济社会的发展。探讨公共艺术作品对于文化产业的经济价值与市场潜力,并深入剖析公共艺术作品对于经济增长与社会就业所产生的促进作用是研究者们不可忽视的一个研究领域。

探讨公共艺术商业化过程中遇到的挑战与机遇是值得进一步研究的问题。从社会发展的视角,对公共艺术商业属性进行剖析。公共艺术作品商业化可采取艺术品出售、版权授权、场地出租等各种方式。公共艺术作品的市场化主要表现为把公共艺术作品当作商品进行运作,并以拍卖和转让的方式获得收益。商业化过程中需要兼顾经济利益、艺术创作自由、公共利益和文化保护诸多因素才能实现最佳平衡。在这一过程中,我们要重视公共艺术家的地位问题,规避商业化倾向对他们艺术创作的影响,从而推动公共艺术作品的良性发展。在公共艺术作品商业运营与可持续发展策略方面,研究者可对商业化模式与合作机制进行深入探讨,以实现更高层面的研究目标。公共艺术创作要坚持以人为本、以人为中心的原则。研究目的在于探讨公共艺术作品中商业品牌塑造、城市开发及社会投资的合作方式,从而开拓公共艺术融入商业利益的创新路径。

对公共艺术作品产生的社会价值与社会效益进行探讨是一个必须引起我们极大关注的研究领域。公共艺术作品在给人带来视觉愉悦享受的同时,也促进了人们对于生活方式以及文化艺术内涵的认知,推动了社会的和谐发展。公共艺术作品所具有的价值不仅体现在对经济利益的追逐上,也体现在给社会带来文化交流、社区凝聚以及公众参与的诸多机会上。所以公共艺术作品能够被开发利用成为重要的文化资本及无形资产。公共艺术作品对社会认同、社会互动与社会福利的作用可采用定量与定性相结合的研究方法予以深入剖析。通过构建以经济学、社会学、管理学等学科的有关原理为理论基础的综合指标体系能够客观、准确地反映公共艺术作品对社会文化环境和民众生活方式的影响。综合评价公共艺术作品经济与社会效益对于公共艺术商业化与可持续发展在理论与实践两方面都有重要意义。

今后研究可对公共艺术与其他领域交叉融合问题进行深入探索,并运用新型技术手段与方法关注可持续性、社会参与与数字化问题,及社会正义与文化保护,以促进公共艺术领域进一步发展与创新。另外,今后在相关问题的研究上,还将进一步扩展理论视野,强化跨学科合作,从多学科视角对公共艺术设计进行探索。这些研究取向有利于公共艺术质量、影响力与可持续性的提高,也给公共艺术从业者与决策者以清晰的定位与战略。

9.3　对公共艺术实践者的建议

对参与公共艺术实践者来说,除上述所提及的创意实践、城市规划与社区参与外,下面再补充几点意见,希望能在实务上取得更明显的成效。

对公共艺术项目目标受众心理与行为特征的准确把握是保证项目顺利实施的关键。公共艺术必须符合大众审美心理要求,才能顺利实现功能价值。艺术的魅力与需求,在不同社群与观众之间呈现多样性。受传统文化或者社会环境的制约,不同的人都有其特殊的审美情趣。所以,对公共艺术实践者来说,对其所在社区文化背景、特征以及需求等方面的深入理解非常关键,唯有如此才能够保证其艺术作品能够真正引起受众共鸣。笔者拟从具体的案例出发,通过对公众在具体环境中的心理和行为特征的分析,谈谈对目标人群的掌握。为让公共艺术实践者更深入地理解目标受众的心理与行为可采取如下举措。

(1)社区调研。

开展一次详细的社区调查工作,以便对社区历史、文化传承、人口构成以及社会经济状况等情况有全面了解。运用多种媒介宣传公共艺术设计对城市建设的意义和作用,让大众认识到公共艺术作品对改善环境、美化生活等方面所具有的重大意义。通过与社区居民的互动,收集居民对于公共艺术的期望、意见及需求,以期推动社区的发展与兴盛。

对社区历史演变与文化传承的调查包括重大事件、文化积淀与传统节庆。以此为基础来创作作品,从不同视角诠释小区的历史演变和文化传承。通过对社区文化特征的深入理解,能够给艺术作品创作带来有益借鉴与启发。调查社区的人口构成和社会经济状况,包括年龄构成、社会阶层、收入水平等信息。针对不同群体对城市公共艺术作品提出的要求设计相关传播载体。这些信息可以作为公共艺术项目定位与内容选择的依据,并在此基础上识别出目标受众所特有的需求与特点。

积极地与社区居民互动是洞察居民对于公共艺术期望及诉求的重要方式。笔者基于社区视角从社会结构与文化心理两方面探究影响居民对城市公共艺术作品的满意程度。可通过各种形式,例如进行问卷调查、座谈会、焦点小组讨论来获得居民的反馈与建议,并纳入艺术项目规划设计之中。

调查小区空间布局与环境特征,其中包括但不仅仅局限于公共空间规划、街道景观设计、建筑风格塑造等。公共艺术实践者可通过对环境与艺术作品互动的深刻认识,在既有空间内整合这些要素,以营造更有美感及共鸣力的艺术体验。

(2)文化敏感性。

公共艺术实践者要对不同文化背景下的观众群体抱有宽容与尊重的心态,保证多样性的充分展现。要保证艺术作品的表达方式能够引起受众的共鸣,就必须对地方的价值观、信仰及传统进行深入调查,从而更深刻地了解它们的内涵及外延。

在公共艺术项目中,尊重多样性必不可少。这种多元文化之间的交融需要以对传统、风俗等的深刻认识为前提,并兼顾各类人群的兴趣。避免将一种文化的观点和表达方式强制施加于其他文化,以免对其他文化造成负面影响。对公共艺术来说,重点应放在大众关心的方面。相反,我们应该以包容和尊重的态度对待不同文化背景的观众,鼓励他们以独特的方式参与和理解艺术作品的创作。

与本地社区建立密切联系,积极邀请本地居民参与艺术项目策划、设计、实施等环节,推动艺术文化传承发展。就艺术活动而言,它是围绕社区展开艺术创作与经营,将艺术同社会文化环境密切结合,达到增进大众理解、提高大众审美品位、强化大众认同感的目标。社区参与是保证艺术作品符合受众文化背景,并得到更为广泛的支持与认同的有效手段。

创作艺术作品的时候,融入多元文化能展现不同文化背景下表现出来的美感与独特特征。所以,在艺术创作中应该融入这些多元性民族审美意识。艺术在表达形式、符号、色彩以及图案等诸多方面,都可以达到这一目的。现代社会的发展过程中多元化是其重要的特点。通过融合多元文化,公共艺术作品能够增强吸引力与包容性。

(3)参与性设计。

配合社区居民及有关利益方规划设计艺术项目。在参与式教学的引导下,开展了学生艺术活动课的教学实践。在参与性设计工作坊、社区会议及讨论等各种形式的帮助下,主动搜集住户的意见建议,使之有机融合在艺术作品的制作过程之中,从而取得较好的效果。

组织社区会议、研讨活动等,请社区居民及有关利益方共同参与艺术项目决策、策划过程,推动项目成功开展。艺术实践者同当地居民,艺术家及政府建立起良好合作关系并以多种形式进行互动,从而推动项目成果向公众扩散。社区居民通过参加此类活动可有机会了解项目进展情况并发表自己的意见,促进项目实施。艺术实践者在与居民的交流互动中可以更深入地了解社区居民对于艺术作品所持有的态度及观念,进而增进社区中不同人群之间的彼此交流。社区居民的心声是艺术实践者不得不听的心声,要认真对待居民的意见建议,并将其融入艺术作品设计与执行中。

积极与社区居民交流,深入调查居民对于公共艺术项目的预期及需求,从而更好地满足居民的文化及社会需求。并以此为依据制定合理、可行的计划,以达到居民意愿。为搜集居民意见与建议,可通过各种途径进行调查,其中有但不仅限于问卷调查、小组讨论、个别访谈等。还要加强同政府部门和社会组织的接触,让大众参与构建公共艺术作品,共同营造社区居民健康、和谐生活的氛围。把社区居民的声音融入艺术项目决策过程,有利于增强项目可接受性与可持续性,进而推动项目长远发展与兴盛。

公共艺术实践者可以在与社区居民及利益相关者密切合作的基础上,建立起一个有效的沟通渠道来保证他们所参与的艺术项目能够与社区价值及需要相辅相成。与此同时,还可以以公共艺术为有效工具,满足社区居民多样化的文化生活需求。以此协作方式提高社区居民参与度与认同感,推动公共艺术项目顺利实施,与此同时在社区内部形成积极的互动与文化交流气氛。

(4)多样化的表达方式。

就公共艺术项目而言,探索出各种艺术形式来适应不同受众群体的审美需求与审美趣味至关重要。在进行设计时,要对多种艺术元素进行全面的考量,并通过对这些资源的合理运用,增强公共艺术作品的感染力。通过视觉艺术、表演艺术与数字艺术的结合,营造多姿多彩的艺术体验,给受众以空前的体验。

受众可通过参加公共演出和街头表演与音乐、舞蹈、戏剧及其他艺术形式交互影响。艺术这一文化现象以自己特有的魅力,吸引了各个年龄层次的人。在公共空间里,艺术可以创造一种充满生气与活力的气氛,给受众以快感与艺术享受。

数字艺术就是运用数字技术、新媒体等手段创造出来的艺术,既能展现于公共空间,又能通过互动装置同受众产生互动,给受众带来更多艺术体验。数字技术的进步使艺术家在艺术创作中可以用一种更自由、更灵活的方式表达自己对于世界、社会以及文化的认知,进而获得突破和革新。数字艺术建立在技术与艺术完美结合的基础之上,产生的新的艺术体验及参与方式,给人们带来了空前的艺术享受。

公共艺术项目将各种艺术形式与媒介整合在一起,给受众带来多元化艺术体验,进而引起更多受众的参与与重视。在现代城市生活当中,人们对于精神文化方面的追求日益重视,公共艺术是大众娱乐的重要方式之一,可以有效改善城市居民精神面貌和提升其生活品质需求。形式各异的艺术作品可以传达出特有的题材与感受,满足受众多样化审美需求,进而呈现多样化艺术风貌。由此,公共艺术和其他艺术类型可以达到优势互补、共同建构多元共生环境的目的。通过运用多元化艺术表达方式使公共艺术更具有包容性与吸引力,进而促进社区文化交流与社会互动。

(5)艺术教育和解释。

为了更好地举办导览活动,可邀请高级艺术导览员对艺术作品产生的历史背景、创作理念和独特艺术风格向观众进行了细致讲解。参观中带领观众认识艺术家及他们的创作经历、风格特点及与其有关的历史背景、文化背景等,以互动体验的形式使观众体会艺术作品所特有的深厚文化底蕴。通过导览使受众能够深刻体会到作品中所蕴含的意义与手法,以便更好地鉴赏艺术作品。

艺术创作过程中会有组织艺术工作坊邀请有艺术素养的艺术家或者教育者对受众进行引导与辅导。工作坊通过看艺术作品、和作品交谈等各种活动方式,让受众潜移默化地受到艺术修养的熏陶。在工作坊里,听众能沉浸在艺术创作的乐趣之中,还能对艺术技巧与表现方式有更深的认识。

通过参加这些艺术教育与解释活动,受众可以完整地欣赏公共艺术作品,并深入理解其包含的艺术概念与意图。艺术教育与解释帮助受众深层次地认识与思考作品,并以此为基础提升自身审美水平。受众积极地参与艺术创作与交流,能够促进其艺术欣赏能力与创造力的提高,对艺术发展尽一份绵薄之力。另外,受众经过艺术教育,可以从中领略到他们熟知的生活场景、文化传统,并能从中体会社会发展带来的反思。这一艺术教育与解释活动在给受众带来更深层次艺术体验的同时,也促进了受众与公共艺术的交流与沟通。

公共艺术项目在实施过程中需横跨多门学科、多部门合作才能取得最佳成效。在这一进程中应顾及不同专业领域和有关方面知识的交流与分享。建立由艺术家、设计师、城市规划师、社区组织及政府部门组成的合作伙伴关系来整合各方面专业知识与资源,合力推动公共艺术项目顺利实施。

与艺术家、设计师建立合作伙伴关系可以带给我们富有创意的艺术视角及专业设计技能以提高设计水平。现代社会公共空间的艺术表现日益受到重视,艺术领域的设计师亦不例外。艺术家们在空间里创作了具有丰富表现力的艺术作品,通过建筑形式和材质等方面的创新表达自己的想法。设计师可以提供专业空间布局及视觉效果设计来保证艺术作品配合城市环境及受众需求,进而创造独特艺术氛围。

通过同城市规划师及政府部门密切配合,可以保证公共艺术项目符合城市规划总体目标及发展方向,使其得到更和谐、更有效的开展。城市规划阶段公众参与至关重要。城市规划师对城市发展与空间利用有专业认识,能够帮助选择合适的公共艺术场所以及在城市规划中有机融合艺术元素。政府可将自己的规划成果及政策建议呈现给公众,供项目设计人员参考,以便增强项目设计人员对于这方面知识与技能的认识。政府机构能够提供行政支持以及资源调配来帮助处理项目执行期间遇到的各种法律、授权和资金问题。

　　通过与地方社区组织及利益相关者的合作建立密切联系,保证公共艺术项目能够真实地体现社区需求及利益,进而推动社区发展及繁荣。笔者通过社区组织对城市公共艺术作品的作用,讨论了社区组织怎样更好地发挥作用,并对社区组织和其他利益相关方进行了研究。社区组织对公共艺术项目的策划与执行提出了有价值的意见与建议,使其发展焕发出新的生机。社区利益相关者还能对项目起到决定性的影响。与有关利益方的合作有利于促进项目可持续性及提高社会认可度。

　　公共艺术的兴盛离不开和当地社区之间的密切合作,这可以说是必不可少的合作途径。城市进行公共艺术设计活动时,必须依托当地社区,确保设计作品满足社会发展需求。与当地居民、社区组织及文化机构形成密切联结,主动听取其声音及参与建议,才能保证艺术项目符合社区价值及需求,得到更多人的支持及认同。

　　公共艺术实践者应创造多元化参与气氛,鼓励社区居民主动参与到艺术项目的规划、构思与执行中。为参与提供一个平等、开放、包容的环境,如开展讲习班、社区会议以及艺术家驻留项目等,以便推动更多的人参与和享受艺术。

　　公共艺术实践者应着眼于可持续性与环境保护,把可持续性设计与选材纳入艺术项目之中,保证艺术作品可持续性与环境保护并重。借助可持续设计理念能够提升公共艺术作品的质量与价值,进而推动社会和谐发展。利用可再生材料、能源节约技术等手段,在减少自然资源消耗的前提下,重视艺术作品的长期保持与保护,从而减少对于环境的负面影响。

　　在科学技术不断进步的今天,数字技术与创新手段已经成为公共艺术实践者充实与增强艺术作品创意表达的强有力手段。数字媒体时代的来临为我们提供了新的观察视角,使公共艺术在创作理念、审美标准等方面产生变化,也推动了公共艺术在创作和传播模式等方面的变革。我们热切地期待着公共艺术从形式到内容都有更大的扩展,让更多的科技元素融入其中,给公众带来更丰富、更深厚的艺术感受。

参考文献
References

[1] 郑家闽．"形式"的编织：设计基础教学中形式语言与创意思维的共生关系 [J]．文教资料，2022(15)：166-170．

[2] 冯瑞芬．室内环境艺术设计中的创意思维分析 [J]．艺术大观，2022(22)：79-81．

[3] 创意思维，制作立体绘本 [J]．快乐作文，2022(Z7)：2+113．

[4] 张颖，洪岩，刘晓刚，等．基于茎块理论的服装创意设计思维方法 [J]．毛纺科技，2022,50(06)：52-58．

[5] 封永辉．纸质材料的包装设计创意思维 [J]．中国造纸，2022,41(06)：124．

[6] 杨芷，钟慧仪，周英，等.护理本科生创新与创意思维课程的建设与发展 [J]．中华护理教育，2022,19(06)：508-513．

[7] 孙琳．影像创意思维探索 —— 以毕业创作《涣尔冰开》为例 [D]．济南：山东工艺美术学院，2022．

[8] 王若莹．论泰国不同类型广告的创意思维 [D]．杭州：中国美术学院，2022．

[9] 生琳．论广告专业教育中创意思维的培养 [J]．教师，2022(15)：111-113．

[10] 郑玉航，宋海涛，夏朝辉，等．适应新工科建设的测控工程专业实践教学体系探索 [J]．高教学刊，2022,8(14)：49-53．

[11] 丁太岩．创意思维在敦煌文创产品设计中的运用研究 [J]．包装与设计，2022(03)：158-159．

[12] 张芷萱．产品服务设计的创意思维和设计方法研究 [J]．艺术品鉴，2022(12)：55-57．

[13] 邢宏亮．陶瓷首饰设计中创意思维的表现形式探索 [J]．山东陶瓷，2022,45(02)：41-45．

[14] 蒋延华．色彩与视觉思维 —— 设计色彩创意表现研究 [J]．美术文献，2022(04)：90-92．

[15] 王宇靖．基于创意思维视域下会展设计类课程思政路径发想研究 [J]．美与时代（上），2022(04)：130-133．

[16]周超.OBE教学模式下设计创意思维课程的实践与思考[J].美与时代（上），
　　2022(04):134-136.

[17]谭江红.高职图形设计课程教学中创意思维能力的培养[J].中国多媒体
　　与网络教学学报（中旬刊）,2022(04):93-96.

[18]沈海英.基于创意构成的思维拓展训练[J].美术教育研究,2022(06):
　　144-145.

[19]雷宏亮.《平面构成》课程教学中的创造性思维培养[J].工业设计,
　　2022(03):43-45.

[20]陶玉涓.品牌跨界设计的创意思维方法[J].科技传播,2022,14(05):
　　70-72.

[21]赵静.浅议新媒体时代下的创意思维培育[J].新闻论坛,2022,36(01):
　　110-111.

[22]张宾芳.创意思维在环境艺术设计中的作用[J].艺术大观,2022(01):
　　73-75.

[23]李雪.智慧教育背景下创意思维网络课程的实验教学研究[J].科学咨询（教
　　育科研）,2021(12):65-67.

[24]曾辉.艺术与设计的"无界"精神——跨界艺术家刘恒甫的创意思维方式
　　解析[J].美术,2021(12):81-85.

[25]熊菲.基于多媒体的初中美术教学及学生创意思维探讨[A].中国管理科
　　学研究院教育科学研究所.2021教育科学网络研讨会论文集(六)[C].中
　　国管理科学研究院教育科学研究所:中国管理科学研究院教育科学研究所,
　　2021:378-381.

[26]杨杨.创意思维在绘画创作中的体现探析[J].参花（下）,2021(11):
　　90-91.

[27]张雨华.桃花坞木刻年画文化对现代服装设计创意思维的启发[J].纺织
　　报告,2021,40(11):67-68.

[28]冯杰.高职院校美术教育中创意思维的培养策略[J].开封文化艺术职业
　　学院学报,2021,41(11):114-116.

[29]王卓君.论现代艺术设计中的创意思维与表现[J].艺术品鉴,2021(32):
　　68-69.

[30]蒋延华.设计艺术造型创意思维训练教学研究[J].中国包装,2021,

41(10):74-76.

[31]方军.以创意整合思维建设课程思政支持系统[J].教育教学论坛,
2021(40):34-37.

[32]李雪.创意思维实验教学方法在大学生创新创业项目中的应用研究[J].
科技与创新,2021(19):148-149.

[33]陈艳红.城市公共艺术在区域经济发展中的重要性[J].中阿科技论坛(中
英文),2021(03):7-9.

[34]闫秋羽,戴银,郝冬冬.基于城市公共艺术的户外亲子游乐设施探析[J].
美与时代(城市版),2021(02):56-58.

[35]林艳.基于城市公共艺术的市政设备美化研究——以深圳水务集团水表组
为例[J].美与时代(城市版),2021(02):68-69.

[36]王浩.城市之光——当代城市公共艺术中新媒介景观装置应用研究[J].
艺术大观,2021(03):133-136.

[37]亓珂,安喆.公共艺术对城市发展的必要性[J].艺术大观,2021(03):137-
138.

[38]毕永亮.浅议城市公共艺术现状及其设计对策[J].明日风尚,2021(02):
100-101.

[39]王瑶.人工智能背景下交互设计在城市公共空间中的应用研究[J].居舍,
2020(36):69-72.

[40]李清.现代中国城市公共艺术发展的问题与对策——以城市家具为例[J].
美与时代(城市版),2020(12):56-57.

[41]陈媛.城市公共艺术空间中本土音乐文化的融合研究——以衡水市为例
[J].美与时代(城市版),2020(12):68-69.

[42]王晶.城市公共艺术设计手法探究[J].美与时代(城市版),2020(12):
52-53.

[43]唐静菡.从"美的匮乏"到"美的介入":一种建设性的城市公共艺术研究
[J].公共艺术,2020(06):30-38.

[44]孔一诺.公共艺术实践与观念变革:"在新时代的现场·城市公共艺术论坛"
综述[J].公共艺术,2020(06):44-48.

[45]李聪.城市公共艺术介入商业空间的探究——以广州为例[J].美与时代
(城市版),2020(11):59-60.

[46]柯立红.妈祖文化视野中的城市公共艺术——以莆田市为例［J］.闽江学院学报,2020,41(06):81-87.

[47]罗丹.数字信息在城市公共艺术设计中的应用研究［J］.美与时代(城市版),2020(11):61-62.

[48]阮梦怡.案例在城市公共艺术设计教学中的应用——评《城市环境设施设计》［J］.教育发展研究,2020,40(21):86.

[49]纪师.中小城市公共艺术设计存在的问题与对策分析［J］.美与时代(城市版),2020(10):40-41.

[50]章明,秦曙,张洁,等.城市公共艺术与城市公共空间的共生——杨浦滨江的实践［J］.建筑实践,2020(S1):54-59.

[51]韩璐.城市公共艺术中地域文化元素的应用分析［J］.美与时代(城市版),2020(09):54-55.

[52]薛蓉.城市公共艺术的互动性设计［J］.美与时代(城市版),2020(09):56-57.